U0341647

家装施工
全能图典

汤留泉 编著

中国电力出版社
CHINA ELECTRIC POWER PRESS

内 容 提 要

本书详细讲解了我国家居装修全部施工工艺与施工方法。全书共分为8章，细分为100项装修施工门类，讲解了每项装修施工的施工方法与施工要点，列出同类施工项目的特色、用途与价格。本书收录的施工工艺全面真实，文字表述严谨，数据翔实，开创了国内家居装修施工图书的先河，无论是内容构架，还是图片版式都在不断创新，满足现代家居装修的多种需求。本书适合即将装修或正在装修的业主阅读，同时也是家居装饰设计师、环境设计专业师生、装修施工人员、装修材料生产销售商的重要参考资料。

图书在版编目（CIP）数据

家装施工全能图典／汤留泉编著. —北京: 中国电力
出版社，2015.1（2018.1 重印）
ISBN 978-7-5123-6337-3

Ⅰ.①家… Ⅱ.①汤… Ⅲ.①住宅－室内装修－工程
施工－图集 Ⅳ.①TU767－64

中国版本图书馆CIP数据核字（2014）第189524号

中国电力出版社出版发行

北京市东城区北京站西街19号　　100005　　http://www.cepp.sgcc.com.cn
责任编辑：梁　瑶　　联系电话：010-63412605　　E-mail: liangyao0521@126.com
责任印制：蔺义舟　　责任校对：闫秀英
北京博图彩色印刷有限公司印刷·各地新华书店经售
2015年1月第1版·2018年1月第5次印刷
700mm×1000mm　1/16·16.25印张·301千字
定价：56.00元

前　言

家居装修施工具有很高的技术含量，很多装修业主对家装施工感到陌生，即使自己有充裕的时间，也不会亲力亲为。因此，家居装修施工成为装饰公司、施工队赢利的重要渠道。

在长期从事装修施工的过程中，编者总结出以下经验，连同本书一起奉献给广大读者，以供借鉴。

1. 将施工模式化

希望家居装修变化轻松自如，应当将全程施工分解为各个独立工种，分别为基础、水电、铺装、构造、涂饰、安装等六大工种，按此顺序逐步实施。当前一工种未完工时，后一工种不能进场，除非工期特别紧张，才允许两个工种同时施工。每项施工都有准备、进场、实施、验收四个环节。业主作为非专业人士，如果能将这种模式熟记在心，就能顺利操控装修的各个环节了。

2. 注重基础构造

家居装修施工的质量关键在于基础构造，严格控制各个装饰构造的基础部分，杜绝偷工减料的情况发生。如铺装地面砖，地面基础应当保持干净、整洁，对地面预先洒水润湿，仔细控制水泥砂浆的含水率，这些才是保证地面砖铺装效果的重点，最后进行地面砖的边缝处理，地面砖铺装的平整度与基础水泥砂浆的铺装平整度密切相关。

3. 加强施工管理

对家居装修施工进行管理，实际上就是对施工员的管理，要求施工员认真完成施工项目，保证施工质量，具体施工质量与要求可以参考本书内容。业主能控制的是督促施工员进行紧凑、高效的工作，不浪费材料，不拖延工期，不偷工减料。

本书分为8章，100种施工项目，详细讲解每种施工项目的施工方法与施工要点，每项施工均配置步骤图片，针对图片进行详解，最后对同类施工项目进行对比，通过这种图解方式表述装修施工工艺与施工方法，彻底颠覆传统的装修观念，提高装修施工的品质。

本书编写历时3年，将前后12年的装修经验与施工步骤图片全部奉献出来，希望能解决广大读者的各种疑惑。如有不解之处，或有宝贵意见，请连同购书小票一同拍摄照片发送至邮箱：designviz@163.com，必将获得满意答复。

编　者

116 柜体

118 门板

121 抽屉

123 玻璃与五金件

126 地台基础

130 门窗套

132 窗帘盒

142 自流平水泥施工

144 清漆涂饰

133 顶角线

139 墙顶面抹灰

146 混漆涂饰

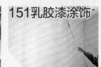
148 硝基漆涂饰

151 乳胶漆涂饰

154 真石漆涂饰

156 硅藻涂料涂饰

158 彩绘墙面制作

161 常规壁纸铺装

164 液体壁纸施工

169 顶灯安装

179 水槽安装

173 灯带安装

174 开关插座面板安装

178 洗面盆安装

181 水箱安装

188 淋浴水阀安装

190 热水器安装

192 地暖安装

202 封闭阳台安装

205 橱柜安装

212 复合木地板安装

225 更换给水软管与水阀门

228 电线维修

231 饰面防水维修

235 木质家具修补

237 乳胶漆墙面翻新

① 章节标题：标明每章节的主题内容名称。

② 识别难度：提示本节所讲述的装饰材料识别难易程度。

③ 章节内容标题：标明本节主要内容的子标题。

④ 页边索引标题：供快速索引翻阅至相关章节区域。

⑤ 正文：讲述各种装饰材料的详细内容。

⑥ 插图：本页相关装饰材料配图。

⑦ 页眉索引标题：供快速索引翻阅至相关章节区域，并突出显示对本页讲述内容标题。

⑧ 材料对比一览表：本节全部装饰材料的图片、名称、性能特点、用途、价格等关键信息对比。

⑨ 家装小贴士：补充正文讲述装饰材料的扩展内容。

⑥

图6-70 彩绘墙面制作完毕

★家装小贴士★

丙烯颜料

⑨

丙烯颜料属于人工合成的聚合颜料，采用颜料粉与丙烯酸乳胶调和而成。丙烯颜料有很多种类，如亚光丙烯颜料、半亚光丙烯颜料和光亮丙烯颜料，以及丙烯亚光油、上光油、塑型软膏等各种辅料。

丙烯颜料可用水稀释，利于清洗。丙烯颜料在落笔后几分钟即可干燥，喜欢慢干特性颜料的画家可可用延缓剂来延缓颜料干燥时间。丙烯颜料着色层干燥后会迅速失去可溶性，同时形成坚韧、有弹性且不渗水的膜。这种膜的质地类似于橡胶。丙烯颜料的颜色要饱满、浓重、鲜润，无论怎样调和都不会有"脏"、"灰"的感觉，着色层永远不会有吸油发污的现象。丙烯颜料的彩绘作品的持久性较长，不会氧化，不会发黄。丙烯塑型膏中有颗粒型，且有粗颗粒与细颗粒之分，为制作肌理提供了方便。此外，丙烯颜料无毒，对人体不会造成伤害。

识别选购方法

涂料涂饰施工对界面的平整度要求较高，基层处理应非常平整，刮涂腻子应当均匀、细腻，经过打磨后才能进行正式施工。涂料的干燥速度与气候相关，不宜在特别潮湿或特别干燥的季节施工，施工完成后应注意养护，应当将门窗封闭养护，防止水分蒸发过快而干裂，不能碰撞涂饰界面。

涂料施工一览 ●大家来对比●

（以下价格包含人工费、辅材与主材）表6-2

品 种	性能特点	用途	价格
乳胶涂饰	表面平整，可以随时调色，结晶性好，成本低廉	室内墙面、顶面、构造等界面装饰	20～30元/㎡

续表

品 种	性能特点	用途	价格
真石净涂饰	表面粗糙，具有质感，能有效保护墙面，色彩纹理丰富，成本较高	室外墙面、构造界面装饰、室内局部界面装饰	60～80元/㎡
硅藻涂料涂饰	具有一定弹性，色彩、肌理、纹样丰富，能根据设计风格创意变化，成本较高	室内墙面、顶面、构造等界面装饰	60～80元/㎡
彩绘墙面制作	装饰效果较好，彩绘主题多样，与墙面形体统一创意，材料成本低，人工费较高	室内主题墙、背景墙、构造等局部界面装饰	150～200元/㎡

⑧

6.4 壁纸施工

① ②

操作难度 ★★★☆

常规难度 液体壁纸施工

③

壁纸属于高档墙面装饰材料，壁纸铺装对于施工员的技术水平要求较高，需要有一定的施工经验，施工质量要求平整、无缝。下面介绍常规壁纸与液体壁纸的施工方法。

6.4.1 常规壁纸铺装

常规壁纸是指传统的纸质壁纸、塑料壁纸、纤维壁纸等材料，常规壁纸的基层一般为纸张，与壁纸胶接触后粘贴效果较好，壁纸铺装粘贴工艺复杂，成本高，应该严谨对待（图6-71、图6-72）。

1. 施工方法

（1）清理涂饰基层表面，对墙面、顶面不平整的部位填补石膏粉腻子，并用240#砂纸对界面打磨平整。

（2）对涂刷基层表面制作第1遍满刮腻子，修补细微凹陷部位，待干后采用360#砂纸打磨平整，满刮第2遍腻子，仍采用360#砂纸打磨平整，对壁纸粘贴界面涂刷封固底漆，复补腻子磨平。

（3）在墙面上放线定位，展开壁纸检查花纹、对缝、裁切，设计粘贴方案，对壁纸、墙面涂刷专用壁纸胶，上墙对齐粘贴。

（4）赶压壁纸中可能出现的气泡，严谨对花、拼缝，擦净多余壁纸胶，修整养护7天。

2. 施工要点

（1）基层处理时，必须清理干净、

④

第6章 涂饰施工

⑦

目 录

P21

P43

P49

P77

P95

P171

P150

P239

01

施工准备
Preparation for Construction

装修施工是一项特别复杂的事情，需要将各个工种的施工员组织起来，相互协调，密切配合，才能顺利完成。家装施工的主导因素是人，业主、施工员、设计师、项目经理等都是参与的核心。因此，施工准备的重要环节就是将每个参与者积极调动起来，充分发挥大家的劳动积极性，保证施工质量。

施工前，仔细检查房屋界面状况，不应存在明显的裂缝、破损、残缺。特别注意顶棚与墙角不能有渗水痕迹。如果时间宽裕，交房后应等待6个月左右，最好在大雨过后查看，确认房屋构造无任何缺陷后再进行装修，否则应让物业管理公司或开发商修缮。

本章导读

　　很多业主对家居装修感到困难，主要原因是认为工人不好找，要么工钱要价太高，要么对施工水平不放心，甚至还对施工员与管理员的人品存在怀疑。与陌生人打交道不同于选购装饰材料，没有固定的交流模式，更没有识别工具，只能凭借个人的社会经验来判别。本章主要介绍家装施工的前期准备工作，包括装修施工流程、施工承包方式、工程进度规划等施工基础内容，特别指出施工员组织与施工管理的重要方法，为正式施工打好基础（图1-1）。

第一章

施工准备

基础施工

水电施工

铺装施工

构造施工

涂饰施工

安装施工

维修保养

1.1 装修施工流程

操作难度 ★★★★★

基础施工　水电施工　铺装施工　构造施工　涂饰施工
安装施工　维修保养

　　家居装修工艺复杂，在施工中应严格把握施工流程，理清施工顺序，看似简单的先后顺序其实蕴含很深的逻辑关系，一旦颠倒工序就会造成混乱，甚至严重影响装修质量。

　　装饰施工的工序不能一概而论，要根据实际现场的施工工作量与设计图纸最终确定。例如，住宅建筑面积不大，但交通方便，装饰材料可以分多次进场；客厅地面需大面积铺设玻化砖，则工序可以提前并与厨房、卫生间瓷砖铺贴同步，但是要注意保护。常规且标准的施工流程如下。

1.1.1 基础施工

　　组织各类人员与装饰材料进场，业主、设计师、施工员、项目经理、监理等同时到达施工现场，对装修工程项目进行交流。整理现场施工环境，针对二手房应根据设计要求拆除原有装修构造，针对年久失修的住宅应进行必要加固施工。

　　根据装修设计图纸改造墙体，拆除或砌筑墙体（图1-2和图1-3），清除住宅建筑界面上的污垢，对空间进行重新规划调整，在墙面上放线定位，制作施工必备的脚

图1-1　交房后应仔细检查各个部位，及时修缮漏水、开裂等问题，为正式装修营造一个完善的基础环境

拆除墙体不能破坏横梁与立柱，保持这类构造的完整性，外观应平整。

图1-2　墙体拆除

采用水泥砂浆修补时，一定要使用金属模板修饰平整，注意校正垂直角度。

图1-3　墙体修补

手架、操作台等。对于外露的设备构造，如水落管、金属构造、电器设备等，进行必要的装饰、遮盖。

基础工程的实施要点是为后续施工奠定良好的基础，方便后续施工正常展开，新房一般没有太多施工项目，但是要注意检查、识别，及时发现问题及时解决，以免影响装修成果。

1.1.2 水电施工

水电施工又称为隐蔽施工，在现代家装中，水路、电路的各种管线都为暗装施工，即管线都埋藏在墙体、地面、装修构造中，从外观上看不到管线结构，形式美观，使用安全。因此，现代装修对水电施工质量要求特别高，不允许出现任何差错，一旦埋设到墙体内，再进行维修或改动就很困难了。

水电施工应该由专业的水、电施工员持证上岗操作，水电施工材料应最先进场，业主与施工员应到现场检查材料的数量与质量，合格后才能开工。施工员根据设计图纸，采用切割机、电锤在

住宅的地面、墙面、顶面上开设凹槽，先铺设给排水管路，联通后进行水压测试，再进行强、弱电路布线，连接空气开关，通电检测，经测试无误后，施工方组织业主进行验收，合格后才能修补线槽（图1-4和图1-5）。

水电施工的重要环节是测试强度，尤其是水压应高于当地自来水压力2倍以上，打压器的压力应达到0.6MPa以上，持续48h不渗水才符合安全标准。水电施工外壁后应及时采用1：2水泥砂浆填补凹槽，将施工现场打扫干净，在厨房、卫生间重新涂刷防水涂料，如有必要，应对全房地面作防水处理。

1.1.3 铺装施工

铺装施工又称为泥瓦施工或泥水施工，是指采用水泥砂浆将各种瓷砖、锦砖铺装到墙地面上，多集中在厨房、卫生间、阳台、客厅、餐厅等空间。铺装施工是一项很细致的施工，要求施工员具有良好的耐心与责任心，要求将瓷砖的边角部位仔细敲击拼装，保证缝隙均

强电与弱电应保持间距，线管布置后应采用固定件绑扎。

图1-4 电路布设

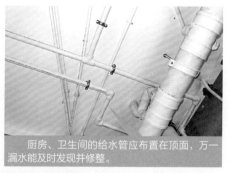

厨房、卫生间的给水管应布置在顶面，万一漏水能及时发现并修整。

图1-5 水路布设

无论是铺贴墙砖还是地砖，都应在砖体背后均匀涂抹素水泥，提高黏结性能。

图1-6　瓷砖铺装

地面铺装后应在第一时间填补缝隙，保持地面整洁。

图1-7　填补缝隙

匀一致（图1-6和图1-7）。

　　铺装施工的关键在于工序，在客厅、餐厅地面铺装地砖时要考虑后续施工可能造成的破坏，如果后期构造施工比较复杂，应当先铺装厨房、卫生间、阳台，待构造施工与油饰施工结束后，再铺装客厅、餐厅地面。

1.1.4　构造施工

　　构造施工以往是指木质施工，采用各种木质材料制作家具与装饰构造，木质材料的可加工性能好，适用面很广。现在，随着新材料新工艺的运用，构造施工不再特指木质施工，而是包含所有结构施工。在现代家装中，构造施工主要有各种吊顶制作、装饰背景墙制作、家具制作、构造形体制作等，运用材料广泛，涉及木材、金属、玻璃、布艺、塑料等多种材料，施工周期长，施工难度高，对施工员的综合素质要求很高。

　　构造施工的核心在于精确的尺度，要求施工员严格对照图纸施工，仔细测量装修构造的各个细节，将尺寸精确到毫米，精确裁切各类材料，反复调试构造的安装结构，同时注重构造的外部装饰效果，力求光洁、平整、无瑕疵（图1-8和图1-9）。

1.1.5　涂饰施工

　　涂饰施工是指采用油漆、涂料等材

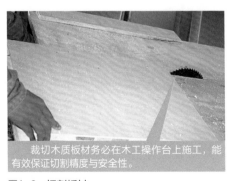

裁切木质板材务必在木工操作台上施工，能有效保证切割精度与安全性。

图1-8　切割板材

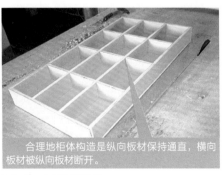

合理地柜体构造是纵向板材保持通直，横向板材被纵向板材断开。

图1-9　木质家具构造

修补墙面腻子时应尽量涂抹平整，边角部位应采用金属模板辅助校正垂直度。

图1-10 墙面刮腻子

在金属结构表面涂饰混油时刻注意边角细节，防止有遗漏缝隙造成锈迹。

图1-11 涂饰混油

橱柜台面人造石材与台板之间应保持无缝粘贴并固定，防止松动或水迹渗透。

图1-12 橱柜台面安装

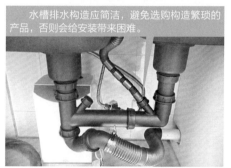

水槽排水构造应简洁，避免选购构造繁琐的产品，否则会给安装带来困难。

图1-13 水槽排水安装

料对装饰构造进行涂饰，还包括壁纸、墙布铺贴，这是家居装修的外部饰面施工（图1-10和图1-11）。

涂饰施工的关键在于材料的基础处理，如墙面乳胶漆涂刷前，应当对墙顶面满刮腻子，腻子的质量与厚薄才是乳胶漆施工的关键。又如，在木质构件及家具表面涂刷透明清漆之前，应采用砂纸对构造表面打磨平整，在凹陷部位仔细填补经过调色后的腻子粉，再次打磨平整后才能涂刷油漆，施工完成后还应及时清理养护。

1.1.6 安装施工

安装施工又称为成品件施工或收尾施工，是指安装灯具、洁具、电器、橱柜、推拉门等设备，铺装地板、地毯等材料。在现代家装中，安装施工的内容越来越多，以往非成品构造施工逐渐转变成工厂预制化施工，待工厂制作完成后搬运至施工现场进行组装（图1-12和图1-13）。

安装施工的关键在于后期调试，很多成品件都不是专为某一种户型研发设计的，厂家一般推出万能规格，到现场安装时再经过调试、修整。安装施工虽然效率较高，但是要注重工艺质量，施工完毕后，一旦专业施工员离开现场，业主或普通施工员没有特种工具，就很难继续调试。

第二章 施工准备

基础施工

水电施工

铺装施工

构造施工

涂饰施工

安装施工

维修保养

1.1.7 维修保养

施工队与业主对装修工程进行验收，发现问题及时整改，绘制必要的竣工图，必要时还需要拍照存档。

装修结束后都会存在一些问题，需要在日后的维修保养中解决。常见的维修保养主要包括水路维修、电气维修、瓷砖维修、防水维修、家具保养、墙面翻新等内容。这要求业主应当具备一定的维修保养知识与动手操作能力，配置一套齐全的工具设备。维修保养的关键在于找准问题的根源，解决了根源才能起到长久效果。

识别选购方法 ▶▶▶

家居装修施工流程应严格按照顺序执行，前后相邻施工项目可以交错进行，但是限于施工现场空间不大，不宜同时开展3种以上施工项目。每项施工结束后都应及时验收，发现问题应尽快整改。这些都是降低施工成本，提高施工效率的关键所在。

家装施工项目一览●大家来对比●　　　　　　　　　　**（以100m²左右住宅为例）**

阶 段		施 工 内 容	工 期	价 格
	基础施工	拆除、砌筑墙体，清理装修现场，保持各界面干净整洁，制作脚手架、操作台等	1～3天	2000～3000元
	水电施工	装修界面开槽，布设各种水管、电线，经过检测合格后，封闭线槽，防水制作	7～12天	6000～8000元
	铺装施工	墙面、地面铺设各种陶瓷饰面砖、锦砖、石材等，缝隙填补、养护	10～15天	8000～10000元
	构造施工	各种吊顶制作，非砌筑隔墙制作，背景墙制作，家具构造制作等	15～20天	25000～30000元
	涂饰施工	各界面乳胶漆涂饰，家具表面油漆涂饰，壁纸铺贴等	10～15天	8000～10000元

续表

阶　段	施工内容	工　期	价　格
安装施工	洁具、灯具、电器、橱柜、楼梯、门窗、地板等成品构件安装	5~7天	25000~30000元
维修保养	水路维修、电气维修、瓷砖维修、防水维修，家具保养，墙面翻新等	入住后~停止使用	根据具体项目计价

1.2 施工员组织

操作难度　★★★★★

项目经理　马路游击队　施工员替代

一直以来，装修业主都认为寻找本领过硬的施工员比登天还难，装饰公司的施工队价格高，设计师与项目经理都要从中获得提成，"马路游击队"来无影去无踪，信誉与安全难保障。于是，优秀的施工员顿时成为炙手可热的"香饽饽"。

1.2.1　项目经理

业主对装修施工的最大期望是安全、顺利、严谨，满足这些的关键还是在于施工员的人品与责任心。家装工艺复杂，需要大量不同工种的施工员协同操作，任何业主都不可能与每位施工员单独交流，辨别他们的施工水平与信誉。因此，要合理有效地组织施工员顺利展开家装施工，只需要找准项目经理即可。

项目经理是家装施工的主要负责人，正规且专业的项目经理持证上岗（图1-14），是很多装饰公司面向客户的主要窗口，他统筹整个装修施工，安排并组织全套施工，各工种施工员也都听从项目经理的安排，因为施工员的工资都由项目经理核实发放。施工员的组织管理核心在于项目经理，与其一个个挑选施工员、施工队，还不如选择正确的项目经理（图1-15）。

优秀的项目经理一般任职于大中型装饰公司，为人谦和，善于表达，熟悉装修施工各个环节，能亲自参与到施工中来，与施工员打成一片，熟练运用各种装修工具，能临时替补任何一名缺席的施工员，具有开拓创新思维，具有一定时尚品位，能在设计图纸的基础上提出更前卫的修改方案。关于上述这些，业主应与项目经理深入交流。

1.2.2　马路游击队

很多装修业主寻求施工员往往都是到当地装饰材料市场，路边都会有不少施工员挂牌"揽活"，这些来自农村的剩余劳动力能吃苦，肯钻研，被装修界称为"马路游击队"，这也是我国装修行业

检查装修项目经理是否具备项目经理资格证书，注意发证机关与有限期限。

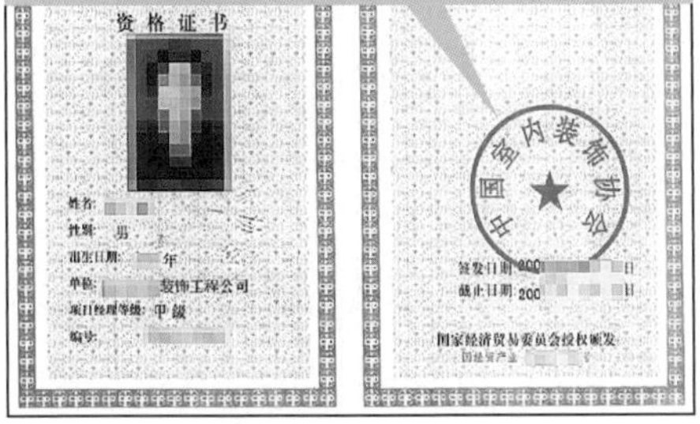

图1-14 项目经理证书

项目经理的主要职责是在施工现场组织、安排各施工员的工作，是业主与施工员之间沟通的桥梁。

图1-15 项目经理施工交底

马路游击队一般比较闲散，往往停滞几天才能揽到一项业务，开价较低。

图1-16 马路游击队

简单的装修工具很难全面应对各种装修细节问题，且都是一人多用。

图1-17 马路游击队广告标牌

的特色（图1-16和图1-17）。他们以低廉的价格吸引不少装修业主，项目明确后能快速开出价格，相对于正规装饰公司而言，他们没有税金、管理费和其他人员工资等开销，稍有能力的装修工会在某家公司兼职，能联系装饰公司的设计师出来单独做设计，使装修水平有所提高，甚至能联系各种施工项目班组协同施工，这就相当于一家简易的装饰公司了。同样一套设计图纸，拿给正规装饰公司报价需要10万元，而装修游击队的价格可能只需不到6万元，这中间的差价令很多装修业主神往。

然而，"游击队"来去无踪，即使签订合同也难求质量保障，遇到业主不断更改设计方案或任何施工难题，他们就会随时提高价格，否则就会停工走人，给装修带来麻烦，装修业主也无处申冤。这主要是因为"马路游击队"的最初报价很低，中间利润少，相当于自己给自己打工，没有加入风险成本。一旦遇到工程变更或外界环境影响就不能收得最初的计划利润了，于是就偷工减料、滥竽充数导致施工质量问题，导致装修业主的开销超过了正规装饰公司的预算。

当然，也有不少工程顺利完工，前提是装修业主要积极配合，解决装修过程中出现的各种问题，如方案设计、材料购置、现场管理等，保障施工顺利进行。毕竟比正规公司低20%的价格，自己应该为这个价格付出劳动。很多施工员平时也在装饰公司旗下工作,在装修旺季也独立承接装修业务,品质还是有保证的。

1.2.3　施工员替代

家居装修内容较多,技术工种也不少,在每年的装修旺季,很多热门施工员时间、精力有限,无法承接更多业务,因此,就出现了不少跨专业的"兼职"施工员。他们本不从事相关的技术工作,但是当人手不够时,他们往往仓促上阵,给施工质量带来隐患。例如,水工与电工的施工效率较高,工具利用率高,施工周期相对短,常常就混淆不清,虽然两者技术含

量比较接近,但还是存在很大区别,国家认定的上岗证与技能等级证书均不同,因此不能相互替代(图1-18)。更有甚者,水、电工替代泥瓦工铺贴瓷砖,这样就很难保证施工质量了。

此外,装修施工队不能与建筑施工队混淆,装修施工与建筑施工虽然有联系,但是联系不大。装修施工讲求精、细、慢,大多为独立施工,对施工质量有特别严格的要求,装修结束后即可入住使用,装修构造表面再没有其他东西掩盖、装饰。

例如,从事地砖铺贴与墙砖砌筑的同样是泥瓦工,但地砖铺贴要求更细致,表面再无水泥砂浆抹灰掩盖(图1-19)。

水工操作技术含量较高,同时还要求具备良好的责任心,才能保证施工质量。

图1-18　水工安装排水管

装修施工与建筑施工的铺装要求均不同,不能让建筑泥瓦工替代装修泥瓦工。

图1-19　泥瓦工铺装地砖

识别选购方法

总之,业主自己寻求施工队是否可信要因人而异,业主积极配合,进展顺利的工程价格肯定比装饰公司低,也有很多施工队的项目经理在当地装修论坛上发布广告,这些要预先赴施工现场考察再作决定。此外,如果当地有住宅正在进行装修施工,业主可以登门考察,如果质量过硬可以现场聘请,多数施工员都非常乐意承接新的施工业务。

又如，装修木工制作的家具要反复校正边缘的精确度，棱角边缘要求平直、光滑但又不锐利。而建筑施工讲求集体协调，统筹并进，技术操作要领没有装修施工细致，很多成品构造都依靠后期装修来掩盖。

施工员管理方法一览 ●大家来对比●

施工行为	分析原因	对策	管理效果
消极怠工	对工资不满意，生性懒散，对生活缺乏激情，身体状况不佳	找准原因，适当提高工资待遇，积极联系其他施工员替代	较好
迟到早退	受教育程度不高，缺乏约束力度	定制严格的考勤赏罚制度	较好
取巧偷懒	装饰公司与项目经理管理松散，给不良行为带来可乘之机	要求装饰公司与项目经理从严管理	一般
擅减配料	偷工投机，受项目经理指示	要求装饰公司从严管理，更换项目经理	一般
场地脏乱	卫生清洁意识薄弱，没有配置专业的场地杂工	要求装饰公司与项目经理增派人手	较好
不讲诚信	中途退场，随意中止合约，临时要求提高工资待遇	更换施工员	较好
消防意识薄弱	施工现场无灭火器等消防设备与消防安全标识	加强安全教育，要求装饰公司添置安全设备	一般
安全意识薄弱	器械工具使用不规范，高空作业无防范措施，施工现场无安全标识	加强安全教育，要求装饰公司添置安全设备	较好

施工行为		分析原因	对　策	管理效果
	卫生意识薄弱	卫生间、厨房脏乱，施工期间在现场居住，污染住宅与周边环境	要求另选地址居住	较好
	赌博	占用工作时间、休息时间赌博娱乐，影响他人工作、休息	根据情节讲明道理，向装饰公司举报，并更换施工员	一般
	盗窃	盗窃施工现场材料、工具，给业主、装饰公司造成损失，影响施工进程	向装饰公司与公安机关举报，并更换施工员	较好

1.3 施工承包方式

操作难度　★★★★★

全包　包清工　包工包辅料

合同中最为重要的内容是装饰工程的承包方式及装修方的责任义务。装饰工程的承包方式一般有3种。

1.3.1 全包

全包是指装饰公司或项目经理根据业主所提出的装饰装修要求，承担全部工程的设计、材料采购、施工、售后服务等一条龙工程。这种承包方式一般适用于对装饰市场及装饰材料不熟悉的装修业主，且他们又没有时间和精力去了解这些情况。采取这种方式的前提条件是装饰公司或项目经理必须深得业主信任，不会因责权不分而出现各种矛盾，

同时也为装修业主节约了宝贵的时间。

选择这种方式的业主，不应怜惜资金，应选择知名度较高的装饰公司和设计师，委托其全程督办。签订合同时，应该注明所需各种材料的品牌、规格及售后责权等，工程期间也应抽取时间亲临现场进行检查验收（图1-20）。

1.3.2 包清工

包清工是指装饰公司或项目经理提供设计方案、施工人员和相应设备，而装修业主自备各种装饰材料的承包方式。这种方式适合于对装饰市场及材料比较了解的业主。自己购买的装饰材料质量信赖可靠，经济实惠（图1-21），不会因装饰公司或项目经理在预算单上漫天要价，将材料以次充好而蒙受损失。在工程质量出现问题时，双方责权不分，

施工方承包的装饰材料大多为这类小型综合门店提供，价格优惠很大，质量一般。

图1-20　综合销售门店

业主选购装饰材料的最佳地点就是大型建材超市，品质有保障，只是价格稍高。

图1-21　大型卖场

部分施工员在施工过程中不多加考虑，随意取材下料，造成材料大肆浪费，这些都需要装修业主在时间和精力上有更多的投入。

目前，大型装饰公司业务量广泛，一般不愿意承接没有材料采购利润的工程，而小公司在业务繁忙时会随意聘用"马路游击队"，装饰工程质量最终得不到保证。这种方式一般适用于亲友同事等熟人介绍的施工队，但是一定要有前期案例，装修业主才有可比性。

1.3.3　包工包辅料

包工包辅料又称为"大半包"，这是目前市面上采取最多的一种承包方式。由装饰公司负责提供设计方案、全部工程的辅助材料采购（基础木材、水泥砂石、油漆涂料的基层材料等）、装饰施工人员管理及操作设备等，而装修业主负责提供装修主材，一般是指装饰面材，如木地板、墙地砖、涂料、壁纸、石材、成品橱柜、洁具、灯具等。这种方式适用于我国大多数家庭的新房装修，装修业主在选购主材时需要消耗相当的时间和精力，但是主材形态单一，识别方便，外加色彩、纹理都可根据个人喜好选择，绝大多数家庭用户都乐于采用这种方式。

包工包辅料的方式在实施过程中，应该注意保留所购材料的产品合格证、发票、收据等文件，以备在发生问题时与材料商交涉，合同的附则上应写明甲、乙双方各自提供的材料清单。

识别选购方法

虽然包工包辅料是当前最常见的装修施工承包方式，但是要明确指出业主与施工方分别承包的材料品种与数量，需要单独列出材料清单，否则容易发生纠纷。如果业主对装修比较了解，又有充裕的时间，可以参考本书选择包清工的形式，能从中体验到无限乐趣。

施工承包方式一览●大家来对比●

承包方式		承包内容	优点	缺点
	全包	装饰公司或施工方承包全部装修材料采购与施工,少数成品件经过协商由业主选购	业主省心省事,适合工作繁忙的业主	材料质量与品牌很难面面俱到
	包清工	装饰公司或施工方承包全部装修施工,承担部分易磨损工具与耗材的更换,不涉及装饰材料	业主亲自选购材料,质量有保证	花费大量时间与精力选购材料,材料应跟上施工进度
	包工包辅料	装饰公司或施工方承包全部装修施工,承担部分易磨损工具、耗材、辅助材料,不涉及主体装饰材料	业主选购主体材料,有精力控制装修重点	辅助材料品种繁多,质量难以控制

1.4 施工价格核算

操作难度 ★★★★★

装修预算投资额度 预算与报价的区别 装修的赢利点

装修施工的预算投资涉及钱,很多业主对此非常敏感,尤其是刚建造的新房,业主主要资金都投在建房中,所剩积蓄不多,不愿在装修中花费过多,造成整个住宅虎头蛇尾,外观高大磅礴,而内部却特别简陋。或者干脆将资金主要用于客厅、餐厅等公共空间装修,打造面子工程,忽略卧室、卫生间等使用频率较高的空间。装修投资要用于提高自己的生活品质,内部装修要与住宅建筑外观相符,不能厚此薄彼。

1.4.1 装修预算投资额度

现代社会发展很快,一套装修的硬件正常使用年限一般为10年左右,考虑今后社会经济发展变化,第2~3次装修的投资会有所增加。因此,对于刚刚建成的住宅而言,装修投资应当不超过家庭的1~2年的收入。

目前,在我国中部地区装修1套100m²左右的住宅,按标准施工约花费2万元,则装修预算应达到8万~10万元左右。即花8万~10万元装修100m²左右的住宅可以达到中档水平,能满足大多数业主的生活需求。如果希望在使用频率较高的卧室、卫生间、厨房、客厅中营造出更好的起居环境,可以适当根据实际情况增加投入,也可以简化储藏间、客房、书房等不常用的室内空间装修,如在储藏间内只保留水泥抹灰墙地面,在客房、书房中只涂刷墙面乳胶漆,地面涂刷普通混油,简化家具、灯具配置等,这样可以大幅度节省资金,提高资金的使用效率(图1-22和图1-23)。

复杂、高档的装修主要体现在成品件上，如墙柜的推拉门、成品家具、灯具等。

图1-22 复杂装修

简单装修并不代表降低品质，可以选用质地较好的实木家具与品牌家电来提升生活品质。

图1-23 简单装修

★家装小贴士★

比较装修报价单

　　不同装饰公司或施工队都会提供装修报价单，供业主查阅，这是一种常见的广告方式，业主主要查看几个大项目的单价即可快速得出结论。如水电施工、木质家具、装饰背景墙、吊顶造型、乳胶漆饰面、铺贴瓷砖等费用，注意其中标注的材料品牌、施工范围、施工程度等细节。诚实可信的报价单会很详细地列出上述项目与细节。

1.4.2　预算与报价的区别

　　一提起预算报价，很多人都是一头雾水，被密密麻麻的数字给弄晕了。本以为越详细的表格就应该越清晰，谁知这复杂的表格会令人不知所措。这里要注意区分两者的概念。

　　预算报价其实是两个完全不同的概念，从字面上就可以分析得到。预算是指预先计算，装修工程还没有正式开始所做的价格计算，这种计算方法和所得数据主要根据以往的装修经验来估测。有的施工方经验丰富，预算价格与最终实际开销差不多；而有的施工方担心算得不准，最后会亏本，于是将价格抬得很高，加入了一定的风险金，如受到地质沉降影响或气候变化，墙体涂刷乳胶漆后发生开裂，而这种风险又不一定会发生。因此，风险金就演变成了利润，预算就演变成了报价。报给业主的价格往往要高于原始预算。

　　现在，绝大多数施工方提供给业主的都是报价，这其中就隐含了利润，如果将利润全盘托出，又怕业主接受不了，另找他人承包。所以，现在的价格计算只是习惯上称为预算而已，实际上就是报价。

　　此外，值得注意的是业主自行选购的材料不在预算报价中，施工方的预算单中一般不包含灯具、洁具、开关面板及大型五金饰件，这些成品件在市场上的单件价格浮动较大，根据品牌、生产地域、运输和供求关系不同而造成较大差异。如果工程提供上述成品件，装修业主很容易就能识别真伪，无利润可图，因此多由业主自行选购。

1.4.3 装修的赢利点

在我国省会城市，家居装修的竞争很激烈，由于利润空间变小，很多装饰公司转战各级城市，虽然总价不高，但是利润却有保证。

中小型平价装饰公司之间的竞争无非是打合同价格战，也就是以超低的预算报价将业主吸引过来，待施工中再不断追加。或是诱导业主临时更换高品质材料，或是指出工程增加了不少项目，总之追加费用会达到当初合同价的20%。如果业主不换好材料，项目经理就满口是"环保"、"健康"之类的词汇，听得业主心里发虚。如果业主不承认额外增加的施工项目，项目经理要么停工，要么将额外项目空置出来不做，使工程无法顺利完工。大多数施工方的赢利点都在于工程变更、追加。如果按当初签订的合同价格来施工，纯利润也就5%左右，控制不好就可能白干。遇到特别计较的业主，不增加一分钱，施工方就只能偷工减料了，总之要保证纯利润达到10%以上。

因此，业主要做好心理准备，将装修承包给施工方，合同价格中虽然包括利润，但是远远达不到施工方的预期收益。如果后期要求追加，且增幅控制在20%以内，也是可以接受的，这些都是迫于市场竞争的无奈之举。

识别选购方法

以1套建筑面积约100m²的住宅中档装修为例，包括常规的全套项目，装修总金额约为8万～10万元，无论是装饰公司还是个体项目经理承接下来，他们的纯利润至少要达到1万元以上，有的甚至超过2万元。如果业主降低装修金额，减至5万元左右，纯利润也会达到1万元左右。施工方很明确，业主降低了装修款，只是在材料上的选择不同，实际工程量并没有减少，装修的赢利点不应受到太大影响。这样一来，装修利润就会达到装修总体投入的20%，甚至更高。

家装施工盈利一览 ● 大家来对比 ●

施工项目	赢利方式	谈判技巧	还价额度
基础施工	墙体砌筑的材料费与人工费较低，利用业主不了解工艺内容报价较高	直接要求降低价格	30%

续表

施工项目		赢利方式	谈判技巧	还价额度
	水电施工	厂商广告宣传的知名品牌材料价格虚高，采用不成熟的新工艺与新材料造成报价较高	要求选用普通品牌产品与成熟工艺	20%
	构造施工	设计制作特别复杂的家具构造与装饰造型，选用高档复合饰面板，导致报价较高	重新修改设计图纸，简化设计构造与材料选用	20%
	涂饰施工	指出涂饰界面不平整，需要多次基层找平，选用厂商广告宣传的知名品牌材料，价格虚高	找平界面与次数无关，要求选用普通品牌产品	20%
	安装施工	转包给第三方经销商施工，从中获取一定差价利润	从报价单中减除，业主自己寻找第三方经销商	30%

1.5 工程质量监理

操作难度 ★★★★★

装修监理重点　准备监理工具

一般的装修业主如果投入不多，时间充裕，可以在现场亲自过问各种装修事宜，且大多数住宅装修都是业主自己参与监理。如果时间紧张，工作繁忙，并且投入的资金较多，可以聘请第三方监理公司或职业监理师对自己的住宅装修进行监理，这是一种比较好的方式。除了聘用监理公司提供监理服务外，也可以找有装修经验的同事或熟人。此外，如果聘用独立的职业设计师或设计单位，他们一般也对装修监理负责，将图纸和预算中的细节落实到装饰工程中，起到重要作用，为提高工程质量奠定基础。

1.5.1 装修监理重点

装修监理首先是流程监理，理清家装的全套流程，相关内容在本章第1.3节中已经讲到。重点监理环节在于图纸设计、材料进场与各项施工工艺。

1. 图纸设计

图纸设计的关键在于制图规范，装修设计的核心主要是业主与家庭成员，他们所提出的设计要求经设计师整合后，就变成了设计图纸。图纸中的内容可以随时变更，但是图纸的规范程度直接影响后期施工，如果图纸不规范，施工员

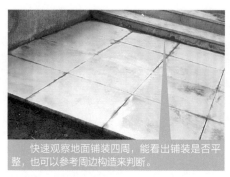

快速观察地面铺装四周，能看出铺装是否平整，也可以参考周边构造来判断。

图1-24　地面铺装验收

从斜侧面可以观察木质家具、构造边缘的平直度。

图1-25　木质家具构造验收

无法正确领会设计意图，导致施工与设计大相径庭，造成质量隐患或工程返工。1套100m²的家居装修设计图纸应至少包含20张以上，如果图纸过于简单，则说明设计师在一定程度上简化了设计工作，有"偷工减料"的可能，应该要求设计师进一步增加。

2. 材料进场

装修中的辅助材料多由施工方承包购买，在监理过程中要注意材料的质量。尤其是要特别关注在工程中期临时购买的辅材，如增补的水泥、砂、胶水等胶凝材料，防止购进过期水泥、海砂与劣质胶水。这些都大幅影响装修质量，表面采用再高档昂贵的饰面材料都无济于事。此外，还要防止施工队对装修材料偷梁换柱，接受业主验收的是一种材料，而用到施工中的又是另一种。

3. 施工工艺

家居装修的施工工艺特别复杂，但是具有相同的规律性，如制作各种装饰构造都应具备骨架层、基础层、装饰层等3层，简单构造可以省去骨架层，但是

复杂构造可能还会进一步细化。如果业主觉得施工工艺比较复杂，短期内难以全部掌握，也可以有选择地熟悉几个重要施工环节，如水电管线的铺设要点、墙地砖铺贴的平整度（图1-24）、木质家具的平直度（图1-25）、涂刷乳胶漆之前的基层处理等要点。反复强调并控制这些步骤的施工工艺，会带来良好的监理效果，施工方会认为业主并不是外行，不敢偷工减料。

1.5.2　准备监理工具

家装监理要有工具才能快速鉴定工程质量，检测工具也是监理的重要依据。常见的家居装修监理工具主要有以下几种。

1. 卷尺

钢卷尺一般以3~5m长为宜，用于测量装饰构造长、宽、高等各项数据，看其与设计图纸是否一致。如果测量空间较大可以选用30m以上皮卷尺。

2. 水平尺

水平尺又称为水平仪，用于测量墙

面、地面、门窗、家具及各种构造的平整度，这是识别墙地砖、家具工艺是否精细的重要工具。

3. 铁锤

一般可以选用小型铁锤，用于检查厨房、卫生间墙地砖铺贴后是否存在空鼓，用铁锤敲击铺贴后的墙地砖边角即可辨析。

4. 水桶

体积较大的水桶比较好，用于验收下水管道、地漏是否阻塞，也可以做闭水试验。

5. 试电笔

用于测试各插座是否畅通，火线与零线安装是否正确，这需要一定的电学常识，也可以请懂行的亲友来协助。

6. 游标尺

游标尺是一种测量长度、内外径、深度的量具，主要用于材料进场验收，检查各种五金件、水电管线是否为单薄的伪劣产品。

7. 小镜子与手电筒

用于查看隐蔽的构造或细节，也可以用来照明采光不足的部位。

8. 记录工具

主要包括板夹、计算器、纸张、笔、拍照手机等。笔、纸用于记录监理整改意见，笔可在整改部位做标记，计算器用于计算测量数据，拍照手机能拍下隐蔽工程竣工状况，以及施工中存在的问题。

识别选购方法

大部分监理工具都能方便获取，至于水平尺、游标尺可以向当地装修杂货店租用，在监理过程中不时地运用这些工具，能很好地约束施工方认真操作。

监理工具一览●大家来对比●

工　具	用　途	准确度	价　格
卷尺	皮卷尺用于测量庭院或长度超过5m的大型空间，钢卷尺用于测量室内空间或构造	很准确	5~10元/件
水平尺	用于检测墙地面铺装与大型家具的水平度与垂直度	很准确	20~30元/件
铁锤	大铁锤用于敲击墙体，识别墙体的真实材料，小铁锤用于敲击铺装瓷砖是否存在空洞	较准确	10~15元/件

工　具	用　途	准确度	价　格
水桶	用于检测厨房、卫生间、阳台的排水管是否通畅	较准确	10～15元/件
试电笔	用于检测电路安装是否正确	很准确	5～10元/件
游标尺	用于检测杆状、管状、板状材料的规格是否标准	很准确	20～30元/件
小镜子与手电筒	用于察看烟道、吊顶内侧、墙角等阴暗部位	较准确	20～30元/件
记录工具	板夹、计算器、纸张、笔、拍照手机等，用于记录不同阶段装修验收状况	很准确	20元/套不含计算器与拍照手机

1.6　明确施工要求

操作难度　★★★★★

保证建筑结构安全　不能损坏公共设施　使用环保材料　施工安全文明

装修施工前，业主、施工员、项目经理应明确装修施工要求，有了确切的目的才能做好装修。

1.6.1　保证建筑结构安全

装修施工必须保证住宅结构安全，不能损坏受力的梁柱、钢筋；不能在混凝土空心楼板上钻孔或安装预埋件；不能超负荷集中堆放材料与物品；不能擅自改动建筑主体结构或房间的主要使用功能（图1-26）。

1.6.2　不能损坏公共设施

施工中不应对公共设施造成损坏或妨碍，不能擅自拆改现有水、电、气、通信等配套设施；不能影响管道设备的使用与维修；不能堵塞、破坏上下水管道与垃圾道等公共设施；不能损坏所在地的各种公共标示。施工堆料不能占用楼道内的公共空间与堵塞紧急出口，避开公开通道、绿化地等市政公用设施（图1-27）。材料搬运中要避免损坏公共设

拆除墙体与地面构造不能使用蛮力，否则会破坏建筑结构安全，降低建筑的承载能力，导致漏水、开裂。

图1-26　杜绝蛮力拆除

禁止采取任何方式封闭建筑结构原有的消防通道与楼道。即使已封闭，也要拆除还原，否则会受到相关部门的处罚。

图1-27　禁止封闭消防通道

务必选用正宗木质板材，价格稍高，但是安全、品质有保障，宁可少用板材、少做家具，也不用伪劣产品。

图1-28　选用正宗板材

应到大型建材超市或厂家指定的专卖店购买防水涂料，选用知名品牌产品，伪劣产品导致漏水，重新维修花费会更高。

图1-29　选用正宗防水涂料

施，造成损坏时，要及时报告有关部门修复。

1.6.3　使用环保材料

装修所用材料的品种、规格、性能应符合设计要求及国家现行有关标准的规定。住宅装修所用材料应按设计要求进行防火、防腐、防蛀处理。施工方与业主应对进场主要材料的品种、规格、性能进行验收，主要材料应有产品合格证书，有特殊要求的应用相应的性能检测报告与中文说明书。现场配制的材料应按设计要求或产品说明书制作。装修后的室内污染物如甲醛、氡、氨、苯与总挥发有机物，应在国家相关标准规范

内（图1-28和图1-29）。

1.6.4　施工安全文明

保证现场的用电安全，由电工安装维护或拆除临时施工用电系统，在系统的开关箱中装设漏电保护器，进入开关箱的电源线不得用插销连接（图1-30）。用电线路应避开易燃、易爆物品堆放地，暂停施工时应切断电源。不能在未做防水的地面蓄水，临时用水管不能破损、滴漏，暂停施工时应切断水源。严格控制粉尘、污染物、噪声、震动对相邻居民与周边环境的污染及危害，装修垃圾宜密封包装，并放在指定的垃圾堆放地（图1-31），工程验收前应将施工现场清理干净。

为装修业主必须明确提出施工要求，虽然大多数要求都是装修行业应当遵循的基本规则，但是仍要提出，引起施工方重视，必要时可简明地写在硬纸板上，将纸板挂在装修施工现场。施工要求是双方明确职责的关键所在，也是工程质量的保障。

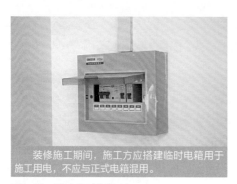

装修施工期间，施工方应搭建临时电箱用于施工用电，不应与正式电箱混用。

图1-30　搭建临时电箱

装修垃圾不能与生活垃圾混放，应当堆放至物业管理部门指定的地点。

图1-31　禁止垃圾混放

1.7 材料与设备进场
操作难度 ★★★★★
检查房屋结构　材料搬运与码放

装修材料与设备进入施工现场的环节比较重要，在正式开工前还需要做一些准备工作。

1.7.1　检查房屋结构

住宅房屋建造后多少都会存在一些质量问题，住宅价格再便宜、朝向再理想，如果质量不能保证，都会给生活带来无穷的后患和烦恼。在这里主要了解住宅的内部结构，包括管线的走向、承重墙的位置等，以便装修。住宅的内在质量可以从以下几个方面来看。

1. 门窗

观察门的开启关闭是否顺畅，门插是否插入得当，门间隙是否合适，门四边是否紧贴门框，门开关时有无特别的声音，大门、房门的插销、门销是否太长太紧。观察窗边与混凝土墙体之间有无缝隙，窗框属易撞击处，框墙接缝处一定要密实，不能有缝隙。开关窗户是否太紧，开启关闭是否顺畅，窗户玻璃是否完好，窗台下面有无水渍，是否存在漏水现象（图1-32和图1-33）。

2. 顶棚

观察顶上是否有裂缝，一般来说，与房间横梁平行的裂缝，属现代住宅的质量通病，基本不妨碍使用。如果裂缝与墙角呈45°斜角，甚至与横梁呈垂直状态，那么就说明住宅基础沉降严重，

第一章 施工准备

基础施工

水电施工

铺装施工

构造施工

涂饰施工

安装施工

维修保养

观察门窗外观是否平直，门窗边角有无渗水痕迹。

图1-32 观察门窗外观

开关门窗可以检查框架是否严密，开关行程是否顺畅。

图1-33 检查门窗框架

该住宅有严重结构性质量问题。此外，还要观察顶棚有无水渍、裂痕，如有水渍，说明有渗漏之嫌（图1-34）。特别留意卫生间顶棚有否油漆脱落或长霉菌，墙身顶棚有无部分隆起，用小锤子敲一下有无空声，墙身、顶棚楼板有无特别倾斜、弯曲、凸起或凹陷的地方，墙身、墙角有无水渍、裂痕等。

3. 厨房与卫生间

观察厨房与卫生间的排水是否顺畅，可以现场做闭水试验，使用抹布将排水口堵住，往卫生间里放水，平层卫生间水位达到门槛台阶处即可，下层式卫生间水深应大于200mm，泡上3天再到楼下看看是否漏水，如果漏水就要在装修中重点施工。此外，还要看看厨房内有否地漏，坡度是否正确，绝不能往门口处倾斜，不然水要流进房间内。观察阳台的排水口是否通畅，排水口内是否留有较多的建筑垃圾。走访一下邻居家里，看是否漏水，否则很有可能连带自己家也漏水（图1-35和图1-36）。

4. 私搭私建构造

有些经过转让、购置的二手房要看看是否有占用屋顶平台、走廊的情况。查看屋内是否有搭建的小阁楼，是否改动过房屋的内外部结构，如将阳台改成卧室或厨房，或将1间分隔成2间，查

观察顶棚是否平整，有无开裂现象，横梁是否平直，周边有无渗水。

图1-34 观察顶棚与横梁

观察厨房烟道、门窗、开门的位置，观察地面有无防水层。

图1-35 观察厨房结构与防水层

图1-36 观察卫生间防水层与排水管　　　　图1-37 观察户外搭建构造

看阳台、露台是否被封闭或改造（图1-37），这牵涉到阳台、露台等户外空间面积应该如何计算的问题。此外，私搭私建构造也会影响装修施工安全。

1.7.2 材料搬运与码放

在现阶段，搬运、码放各种装饰材料还属于体力活，即使将装修承包给装饰公司，业主仍需自己采购一定的材料，多数情况下还要靠自己和家人参与进来动手操作。下面介绍几种实用且省心的方法。

1. 材料搬运

装饰材料的形态各异，轻重不一，在搬运前要稍加思考，根据搬运距离、材料体积、自身能力来分批次、分类别搬运。普通成年人最大行走负重为15~20kg，超过25kg就会感到疲劳，甚至造成损伤。

搬运材料的一般方法有双手抱握、拎提等，对于身体强壮的青年男子可以采取肩扛、背负等动作，但是行走距离不宜过长，最好间隔一段距离停下休息。搬运的起身、行走、放下等动作均有讲

究，要最大程度保护身体，提高效率。

长时间搬运材料最好利用各种器械和工具，完全依靠双手会感到很吃力。

2. 材料码放

装饰材料进入施工现场后要整齐码放，同时要考虑房屋的承重结构。大件板材一般放在家居空间内部，如卧室、书房内，靠墙放置，以承重墙和柱体为主。每面墙所依靠的板材最多能不超过20张（图1-38）。木龙骨与木质线条应放置在架空处，避免直接与地面接触受潮（图1-39）。成品板材的存放时间如果超过5天，还是应该平整放置。先清扫地面渣土，使用木龙骨架空，从下向上依次放置普通木芯板、胶合板、薄木饰面板、指接板和高档木芯板，将易弯曲的单薄板材夹在中央，最后覆盖防雨布或塑料膜。

墙地砖自重最大，待水电隐蔽工程完工后再搬运进场，一般分开码放在厨房、卫生间和阳台的墙角处，纵向堆积不超过3箱（图1-40和图1-41）。墙地砖一般应尽量竖向放置，不要用湿抹布

第一章

施工准备

基础施工

水电施工

辅装施工

构造施工

涂饰施工

安装施工

维修保养

大型板材入户前可以裁切成型，方便出入电梯，入户后靠承重墙竖向摆放。

图1-38　板材放置

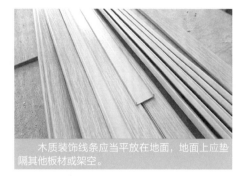

木质装饰线条应当平放在地面，地面上应垫隔其他板材或架空。

图1-39　线条放置

瓷砖自重较大，纵向堆放高度应不超过3箱，应靠近承重墙分散放置。

图1-40　普通瓷砖放置

大型抛光砖、玻化砖自重更大，更应该靠承重墙角或立柱分散放置。

图1-41　大型瓷砖放置

擦除表面灰尘，保持存放场地干燥。

水电材料、五金件须放置在包装袋内，防止缺失。水电管线材料不要打开包装，如果打开验收也要尽快封闭还原，防止电线绝缘层老化或腐蚀（图1-42）。灯具、洁具等成品件一定要最后搬运进场，存放在已经初步完成的储藏柜内，防止破损（图1-43）。成品灯具、洁具打开包装箱查验后应还原，特别要保留外部包装。

油漆、涂料一般最后使用，放置在没有装饰构造的地方，不要将未开封的

水电管线应放置在无开设线槽的位置，平直展开放置。

图1-42　水电材料放置

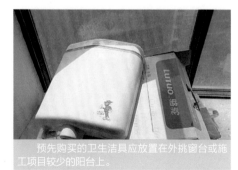

预先购买的卫生洁具应放置在外挑窗台或施工项目较少的阳台上。

图1-43　洁具放置

涂料桶当作梯、凳使用。

水泥、砂、轻质砖等结构材料要注意防潮，放在没有阳光直射的地方，存放超过3天最好覆盖防雨布或塑料膜，其中水泥是绝不能露天放置的。放置在室内的结构材料不能在同一部位堆积太多，以免压坏楼板（图1-44和图1-45）。

玻璃、石材要竖向放置在安全的墙角，下部加垫泡沫，玻璃上要粘贴或涂刷醒目标识，防止意外破损。

识别选购方法

总之，存放装饰材料的房间或场所要注意适当通风，地面可以撒放石灰、花椒来防潮防虫。充分考虑到楼板的承载能力，不能将所有材料都集中堆放在某一个房间或某一个部位，既要方便取用，又不能干扰施工。

袋装水泥与河砂应靠承重墙放置，在同一部位的堆放数量应不超过30袋。

图1-44　袋装材料放置

散装河砂应靠承重墙放置，尽量向高处堆积，在同一部位的堆放数量应不超过500kg。

图1-45　散装材料放置

材料码放的基本原则是保护材料使用性能，顾及住宅的承载负荷，施工材料分布既分散又集中，保证施工员随用随取，提高效率。在装饰材料进场后至正式使用期间要注意保养维护。

02

基础施工
Foundation Construction

　　基础施工看上去可有可无，操作简单，实际上是装修施工员素质的检验，是装饰公司水平能力的象征，是项目经理操控经验的反映。施工方对基础施工的态度直接影响后续施工质量，业主在施工中应起到监督作用，尽可能提出自己的疑问，将各种问题解决在初始阶段，让基础施工真正起到基础作用。

拆除墙体时，砌块墙体应采用切割机裁切、修整边缘，防止砌块受到震动而导致破裂，否则会降低原有墙体的承载能力。顶部横梁不应受到破坏，靠近横梁的砌块、砖块应小心撬动后抽出。墙体拆除是基础施工的重点内容。

**本章
导读**

　　正式施工前要做好基础工作，这类工作没有固定内容，主要根据业主与设计要求来定制，如清理施工现场、房屋加固与改造、墙体拆除与砌筑等三大常规项目。清理施工现场能获得干净、整洁的施工环境，是装修施工交接与核对工程量的重要环节。房屋加固与改造主要针对二手房，提高房屋的耐用性与安全性。墙体拆除与砌筑就最常见不过了，关键在于正确识别墙体性质，做到拓展起居空间的同时，保证施工安全（图2-1）。

2.1 清理施工现场

操作难度 ★★★★★
界面找平　定位标高线

清理施工现场是指将准备开始装修的住宅室内都清理干净，为正式开工做好准备，清理施工现场主要包括以下两个方面内容。

2.1.1 界面找平

界面找平是指将准备装修的各界面表面清理平整，填补凹坑，铲除凸出的水泥疙瘩，经过仔细测量后，校正房屋界面的平直度。

1. 施工方法

（1）目测检查装修界面的平整度，用粉笔在凸凹界面上作出标记。

（2）使用凿子与铁锤敲击凸出的水泥疙瘩与混凝土疙瘩，使之平整。

（3）配置1:3水泥砂浆，调和成较黏稠的状态，填补凹陷部位。

（4）对填补水泥砂浆的部位抹光找平，湿水养护。

2. 施工要点

（1）在白色涂料界面上应用红色或蓝色粉笔标识，在素面水泥界面上应用白色封边标识，界面找平后应及时将粉笔记号擦除，以免干扰后续水电施工标识（图2-2）。

（2）用凿子与铁锤拆除水泥疙瘩与混凝土疙瘩时，应控制好力度，不能破坏楼板、立柱结构（图2-3）。厨

图2-1　墙体拆除应当严格，预先考察墙体性能，保护好原有墙体、立柱、横梁不受破坏，强调施工安全

图2-2 擦除墙面标记

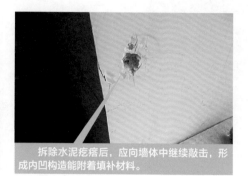

图2-3 拆除水泥疙瘩

房、卫生间、阳台等部位不应如此操作，以免破坏防水层。

（3）外露的钢筋应仔细判断其功能，不宜随意切割，不少钢筋末端转角或凸出具有承载拉力的作用，可以采用1:3水泥砂浆掩盖。

（4）填补1:3水泥砂浆后应至少养护7天，在此期间可以进行其他施工项目，但是不能破坏水泥砂浆表面（图2-4）。

（5）除了卫生间、厨房外，如果原有墙体界面已经涂刷了涂料，可以不必铲除，可以在原有涂料表面扫除灰尘，继续做墙面施工（图2-5）。如果原有墙体界面是水泥砂浆找平层，就需要采用

石膏粉加水调配成石膏灰浆将表面凹陷部位抹平，再采用成品腻子满刮墙体界面1～2遍。

（6）如果墙、顶面有水渍，需要进一步推理渗水源头，一般位于门窗边角或户外空调台板内角，需要联系物业管理部门进行统一维修（图2-6）。

2.1.2 定位标高线

标高线是指在墙面上绘制的水平墨线条，应在墙面找平后进行，标高线距离地面一般为0.9m、1.2m或1.5m，这3个高度任选其一绘制即可，定位标高线的作用是方便施工员找准水平高度，方便墙面开设线槽、制作家具构造等，能

图2-4 填补水泥砂浆

图2-5 清扫顶面

随时获得准确的位置（图2-7）。

1. 施工方法

（1）采用红外或激光水平仪，将其放在房间正中心，将高度升至0.9m、1.2m或1.5m，打开电源开关，周边墙面即会出现红色光影线条（图2-8）。

（2）用卷尺在墙面上核实红色光影线条的位置是否准确，再次校正水平仪高度（图2-9）。

（3）沿着红色光影线条，采用油墨线盒在墙面上弹出黑色油墨线，待干（图2-10）。

2. 施工要点

（1）应针对地面铺装材料，预先留出地面铺装厚度。如地面准备铺装复合木地板，应在实测高度基础上增加15mm；如铺设地砖，应增加40mm；如果铺装实木地板，应增加60mm。

（2）如果没有水平仪等仪器，可以分别在房间4面墙的1/5与4/5处，从下向上测量出相应高度，并做好标记，再用油墨线盒将各标记点连接起来（图2-11）。

（3）对于构造复杂的住宅室内，应在0.5m与2m分别弹出定位标高线，方便进一步校正位置。

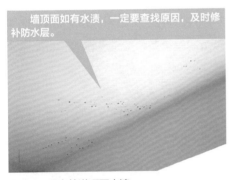

图2-6　观察管道顶面水渍

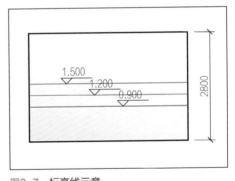

图2-7　标高线示意

图2-8　激光水平仪

图2-9　合适水平仪高度

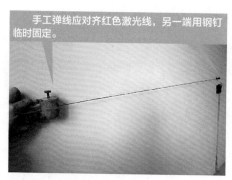

图2-10 放线定位

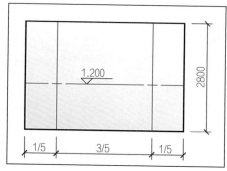

图2-11 手工放线示意

2.2 房屋加固与改造

操作难度 ★★★★★

墙体加固　裂缝修补　住宅室内加层

对于二次装修或二手房,应在装修前仔细检查房屋的安全性,尤其是房龄超过10年的住宅建筑,查找瑕疵更要特别仔细。其中砖墙、立柱、横梁是加固与改造的重点。

2.2.1 墙体加固

墙体开裂、变形是住宅建筑的常见问题,我国住宅建筑分布很广,不同的地质环境都会造成墙体不同程度的损坏。墙体加固的方法很多,下面介绍一种整体加固法,适用于现在大多数商品房住宅。整体加固法是指凿除原墙体表面抹灰层后,在墙体两侧设钢筋网片,采用水泥砂浆或混凝土进行喷射加固。这种方法简单有效,经过整体加固后的墙体又称为夹板墙(图2-12)。

1. 施工方法

(1)察看墙体损坏情况,确定加固位置,并对原墙体抹灰层进行凿除。

(2)在原墙体上放线定位,并依次钻孔,插入拉结钢筋。

(3)在墙体两侧绑扎钢筋网架,并与拉结钢筋焊接。

(4)采用水泥砂浆或细石混凝土对墙体作分层喷射,待干后湿水养护7天。

2. 施工要点

(1)整体加固的适用性较广,能大幅度提高砖墙的承载力度,但是不宜用于空心砖墙。由于加固后会增加砖墙重

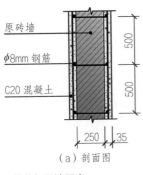

原砖墙

ϕ8mm 钢筋

C20 混凝土

250 | 35

（a）剖面图

500 | 500 | 500

（b）立面图

图2-12 整体加固法示意

量，因此，整体加固法不能独立用于2层以上砖墙，须先在底层加固后，再进行上层施工。

（2）穿插在墙体中的钢筋为ϕ6~ϕ8mm，在墙面上的分布间距应小于500mm。穿墙钢筋出头后应作90°弯折后再绑扎钢筋网架。穿墙孔应用电锤作机械钻孔，不能用钉凿敲击。绑扎在墙体两侧的钢筋网架网格尺寸为500mm×500mm左右，仍采用ϕ6~ϕ8mm钢筋，对于损坏较大的砖墙可适当缩小网格尺寸，但网格边长应不小于300mm。砖墙两侧钢筋网架与墙体之间的间距为15mm左右（图2-13）。

（3）采用1：2.5水泥砂浆喷涂时，厚度为25~30mm，分3~4遍喷涂。采用C20细石混凝土喷涂时，厚度为30~35mm，分2~3遍喷涂，相邻两遍之间要待初凝后才能继续施工（图2-14）。

（4）喷浆加固完毕后，应根据实际情况有选择地做进一步强化施工，可在喷浆后的墙面上挂接ϕ2@25mm钢丝网架或防裂纤维网，再做找平抹灰处理（图2-15）。

（5）由于喷浆施工就相当于底层抹灰，因此一般只需采用1：2水泥砂浆做1遍厚5~8mm面层抹灰即可，最后找平

钢筋网架应采用钢筋穿插的方式固定在墙面上面，网架安装后应保持垂直。

图2-13 钢筋网架

喷浆应保持均匀，可以分多层多次喷浆，避免一次喷涂过后。

图2-14 喷浆

对隔声、保温有要求的墙体可以挂贴聚乙烯板，再挂钢丝网后抹灰找平。

图2-15 抹灰

边角抹灰应保持平整，可反复修整到位，必要时可采用模板校正。

图2-16 边角找平

边角部位，作必要的找光处理（图2-16）。

2.2.2 裂缝修补

砖墙裂缝属于住宅建筑的常见问题，相对于需要加固墙体而言，裂缝一般只影响美观，当裂缝宽度小于2mm时，砖墙的承载力只降低10%左右，对实际使用并无大的影响。一般而言，只要裂缝宽度小于2mm，且单面墙上的裂缝数量为3条左右，裂缝长度不超过墙面长或高的60%，且不再加宽、加长就不必修补。如果裂缝在1年内有变长变宽的趋势，就要及时改造（图2-17和图2-18）。

适用于装修的裂缝修补方法可以采用抹浆法，抹浆法是指采用钢丝网挂接在墙体两侧，再抹上水泥砂浆的修补方法，这是一种简化的钢筋混凝土加固方法。抹浆法施工方便，操作简单，成本较低，很多业主都能自行施工，适用于裂缝狭窄且数量较多的砖墙。

1. 施工方法

（1）察看墙体裂缝数量与宽度，确定改造施工方案，并铲除原砖墙表面的涂料、壁纸等装饰层，露出抹灰层。

（2）将原抹灰层凿毛，并清理干净，放线定位（图2-19）。

（3）编制钢丝网架，使用水泥钉固定到墙面上，并对墙面进行湿水（图2-20）。

将开裂墙面铲除表层涂料，采用切割机扩大裂缝，再用水泥砂浆封闭找平。

图2-17 裂缝填补砂浆

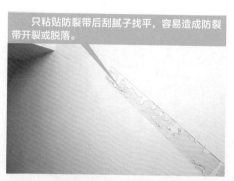

只粘贴防裂带后刮腻子找平，容易造成防裂带开裂或脱落。

图2-18 防裂带脱落

采用电锤安装锐角钻头，能轻松将墙面裂缝周边凿毛。

图2-19 清除基层

凿毛后的墙面应挂贴钢丝网，能有效防止开裂，提高水泥砂浆抹灰的附着力。

图2-20 满挂钢丝网

施工准备

第2章 基础施工

水电施工

铺装施工

构造施工

涂饰施工

安装施工

维修保养

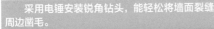

★家装小贴士★

墙砖裂缝预防

砖墙裂缝既要修补到位，又要防患于未然，在后续装修中都应考虑砖墙裂缝产生的可能性。下面就介绍几种砖墙裂缝的预防方法。

1. 温差裂缝

在一年四季中，由温度变化引起的砖墙裂缝不再少数，主要是砌筑材料在日照等温度变化较大的条件下，受材料膨胀系数不同而产生温度裂缝（图2-21）。因此要在墙体表面增加保护层，防止并减缓温度差异。常见的方法是在装饰层与砌筑层之间铺装聚苯乙烯保温板，或涂刷柔性防水涂料，并在此基础上铺装1层防裂纤维网。

2. 材料裂缝

使用低劣的砌筑材料也会造成裂缝，尤其是新型轻质砌块，各地生产标准与设备都不同，其裂缝主要由材料自身的干缩变形所引起，选购建房、改造砌筑材料时要特别注重材料的质量（图2-22）。此外，还应采用稳妥的施工工艺，施工效率较高的铺浆法易造成灰缝砂浆不饱满、易失水且黏结力差，因此应采用"三一"法砌筑（即一块砖，一铲灰，一揉挤）。砌块砌筑应提前1天润湿，砌筑时还应向砌筑面适量浇水。每天的砌筑高度应不超过1.4m。在长度超过3.6m的墙体单面设伸缩缝，并采用高弹防水材料嵌缝。

靠近户外门窗的墙面，或常年受阳光直射的墙面，容易开裂。

图2-21 温差裂缝

不同性质的墙面或墙体材料直接容易开裂，应当严格控制施工工艺。

图2-22 材料裂缝

（4）采用水泥砂浆进行抹浆，待干后养护7天。

2．施工要点

（1）铲除原砖墙表面装饰材料要彻底，不能有任何杂质存留。原墙面应完全露出抹灰层，并凿毛处理，但不能损坏砖体结构，清除后须扫净浮灰。

（2）相对砖墙加固而言，砖墙的裂缝修补则应选用小规格钢筋。采用$\phi4\sim\phi6$mm钢筋编制网架，网格边长为200～300mm，或购置类似规格的成品钢筋网架，采用水泥钢钉固定在砖墙上。砖墙表面还须在上下、左右间隔600mm左右，采用电锤钻孔，将$\phi4\sim\phi6$mm的

钢筋穿过墙体，绑扎在墙两侧的网架上，进一步强化固定。钢筋网架安装后应与墙面保持间距约15mm左右。

（3）采用1：2水泥砂浆进行抹灰，水泥应采用42.5级硅酸盐水泥，掺入15%的801胶。抹灰分3遍进行，第1遍应基本抹平钢筋网架与墙面之间的空隙，第2遍完全遮盖钢筋网架，第3遍可采用1：1水泥砂浆找平表面并找光。全部抹灰厚度为30～40mm，待干后湿水养护7天。如果条件允许，也可以使用喷浆法施工，只是面层仍需手工找光（图2-23和图2-24）。

对于裂缝比较集中的墙面，可以进行修补，新旧抹灰之间应保持交错。

图2-23 局部修补

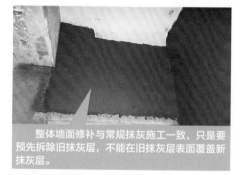

整体墙面修补与常规抹灰施工一致，只是要预先拆除旧抹灰层，不能在旧抹灰层表面覆盖新抹灰层。

图2-24 整体修补

2.2.3 住宅室内加层

随着国家购房政策的发展，很多地区对住宅进行限购，购买政策外的商住两用商品房成为新的置业投资方向，为了兼顾商用，不少住宅的内空较大，可用高度达到4.4m以上，足够用来隔成两层，满足更多生活起居要求。室内加层适用于室内空间较高的住宅，采用各种

结构材料在底层或顶层空间制作楼板，从而达到增加住宅使用空间的目的，这种加层方法又称为架设阁楼。一般而言，凡是单层住宅净空高度大于3.6m，且周边墙体为牢固的承重墙，均可以在室内制作楼板，将1层住宅当作2层来使用，比较适合将底层住宅改造成店铺，或在房间内增设储藏间的家庭。为了提高施工效率，降低加层带来的破坏性，下面

介绍一种型钢加层法供参考。

型钢加层法是指采用各种规格的型钢焊接成楼板骨架，安装在室内悬空处，上表面铺设木板作为承载面，并制作配套楼梯连接上、下层交通。这种方法适用于内空不高，面积较小的住宅室内，一般用于单间房加层，将增加的楼层当作临时卧室、储藏间等辅助空间来使用（图2-25）。

1. 施工方法

（1）察看住宅室内结构，根据加层需要作相应改造，并在加层室内作好标记。

（2）购置并裁切各种规格型钢，经过焊接、钻孔等加工（图2-26和图2-27），采用膨胀螺栓固定在室内墙、地面上。

（3）在型钢楼板骨架上焊接覆面承载型钢，并在上表面铺设实木板。

（4）全面检查各焊接、螺栓固定点，涂刷2～3遍防锈漆，待干后即可继续后期装修。

2. 施工要点

（1）由于型钢自重较大，用量较多，因此在改造前一定要仔细察看原住宅构造。需要加层的室内墙体应为实心砖或

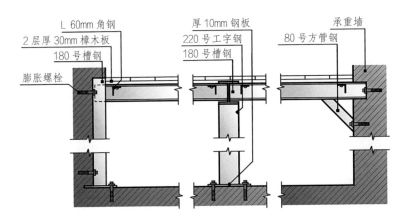

图2-25 型钢加层示意

图2-26 型钢切割

图2-27 型钢焊接

砌块制作的承重墙，墙的厚度应大于250mm，对于厚度小于250mm的墙体或空心砖砌筑的墙体应作加固处理。如果在2层以上室内作加层改造，则要察看底层住宅构造，墙体结构应无损坏、缺失。此外，房屋基础质量也是察看重点，如果基础质量一般或受地质沉降影响，应避免在2层以上室内作加层改造。

（2）型钢选用规格与配置方法要根据加层室内空间面积来确定。一般而言，在开间宽度小于2.4m的住宅室内，如果开间两侧墙体均为厚度大于250mm承重墙，可直接在两侧砖墙上开孔，插入150～180号槽钢作为主梁，间距600～900mm，槽钢两端搁置在砖墙上的宽度应大于100mm，相邻槽钢之间可采用L60mm角钢作焊接，间距300～400mm，形成网格型楼板钢架，及时涂刷防锈漆（图2-28）。

（3）在开间宽度大于2.4m，且小于3.6m的住宅室内，可采用相同构造架设加层楼板钢结构，应选用180～220号槽钢作为主梁。开间宽度大于3.6m的住宅室内，就应选用220号以上的槽钢作主梁，或在主梁槽钢中央增设支撑立柱，立柱型钢可用120～150号方管钢，底部焊接200mm×200mm×10mm（长×宽×厚）钢板作垫层，垫层钢板可埋至地面抹灰层内，用膨胀螺栓固定至楼地面中，但是这种构造只适用现浇混凝土楼板或底层地面。2层以上房间可在主梁两端加焊三角形支撑构造，以强化主梁型钢的水平度。如果室内墙体为非承重墙且比较单薄，则主梁末端应焊接在同规格竖向型钢上，竖向型钢应紧贴墙体，代替墙体承载加层构造的重量（图2-29）。

（4）型钢构架完成后，即可在网格型楼板钢架上铺设实心木板，一般应选用厚度大于30mm樟子松木板，坚固耐用且防腐性能好。木板可搁置在角钢上，并用螺栓固定，木板应纵、横向铺设2层，表面涂刷2遍防火涂料，木板之间的缝隙应小于3mm（图2-30）。

图2-28　涂刷防锈漆

图2-29　构造组装焊接

钢结构楼板上应铺装硬度较高，且有一定弹性的实木板，不能铺装木芯板。

图2-30　铺装木板

2.3 墙体拆除与砌筑

操作难度　★★★★★

墙体拆除　墙体补砌　包砌水落管

墙体拆除可以扩大起居空间，增加室内的使用面积，是当前中小户型的装修必备施工项目，很多房地产开发商也因此不再制作除厨房、卫生间以外的室内隔墙了，这又要求在装修中需要砌筑一部分隔墙来满足房间分隔。拆除与砌筑相辅相成，综合运用才能达到完美的效果。

2.3.1 墙体拆除

拆除墙体改造成门窗洞口，能最大

识别选购方法　❗

加固与改造施工要考虑施工后给住宅建筑增加的负荷，不能无止境增加构造，给住宅安全带来隐患。

化利用空间，这也是常见的改造手法。拆墙的目的很明确，就是为了开拓空间，使阴暗、狭小的空间变得明亮、开敞。在改造施工中要谨慎操作，拆墙不能破坏周边构造，保证住宅构造的安全性。

1. 施工方法

（1）分析预拆墙体的构造特征，确定能否被拆除，并在能拆的墙面上作出准确标记。

（2）使用电锤或钻孔机沿拆除标线作密集钻孔。

（3）使用大铁锤敲击墙体中央下部，使砖块逐步脱落，用小铁锤与凿子修整墙洞边缘（图2-31和图2-32）。

（4）将拆除界面清理干净，采用水

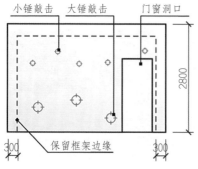

图2-31　墙体拆除示意

墙体拆除后应保持边框完整、方正，将拆除界面清扫干净，并用湿水处理。

图2-32　墙体拆除

泥砂浆修补墙洞，待干并养护7天。

2. 施工要点

（1）拆墙之前要做好准备工作，深入分析预拆墙体的构造特征。一般而言，厚度小于150mm的砖墙均可拆除，厚度大于150mm的砖墙要辨清其承载功能。

（2）砖混结构住宅的砖墙一般不能将整面墙拆除，开设门、窗洞的宽度应小于2400mm，上部要用C15钢筋混凝土制作过梁作支撑。墙体两侧应保留宽度大于300mm墙垛（图2-33）。

（3）一般先拆顶部墙体，再逐层向下施工。先用电锤或钻孔机将预拆墙体边缘凿穿，再用大锤拆除中央，应在墙体两侧交替施工，避免周边构造受到严重破坏（图2-34）。大规格砌块墙体应用电锤先凿穿预拆墙体上端边缘，再凿开表面抹灰层，逐块撬动使其松散，最后将其搬下墙体。

（4）拆除后的墙洞须进行清理，湿水后采用1:2.5水泥砂浆涂抹平整，对缺口较大的部位要采用轻质砖填补，修整墙洞时可以根据改造设计要求，预埋门、窗底框，开口大于2400mm的墙洞还应考虑预埋槽钢作支撑构件。修整后的墙洞须养护7天，再作精确测量，如有不平整或开裂，应作进一步整改（图2-35）。

（5）拆墙后会产生大量墙渣，其中主要为砖块与水泥渣，可以有选择地用于台阶、地坪、花坛砌筑，粗碎的水泥渣只能用于需回填、垫高的构造内部，剩余墙渣应清运至当地管理部门指定地点（图2-36）。

2.3.2 墙体补砌

墙体补砌是在原有墙体构造的基础上重新砌筑新墙。新墙应与旧墙紧密结合，完工后不能存在开裂、变形等隐患（图2-37）。

1. 施工方法

（1）查看砌筑部位结构特征，清理砌筑界面与周边环境。

（2）放线定位，配置水泥砂浆，使用轻质砖或砌块逐层砌筑（图2-38和图2-39）。

图2-33　保留横梁与墙垛

图2-34　清理墙面装饰材料

采用水泥砂浆找平墙体拆除界面，应采用金属模板校正平整度。

图2-35 水泥砂浆找平拆除截面

将墙体拆除砖渣分类装袋清运出场，细碎砖渣可以用于替补下沉式卫生间。

图2-36 墙渣装袋

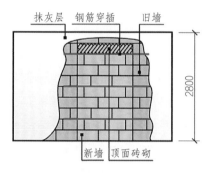

图2-37 墙体补砌示意

封闭门窗洞口应保持砌块错落有致，顶部应预留空间，采用小块轻质填补。

图2-38 局部砌筑

局部补砌应采用小块轻质砖，砖块布置方向应多样化。

图2-39 边角补砌

补砌墙体基础完成后，应及时湿水养护，防止水泥砂浆过早干燥后发生开裂。

图2-40 湿水养护

（3）在转角部位预埋拉结筋，并根据需要砌筑砖柱或制作构造柱。

（4）对补砌成形的墙体进行抹灰，湿水养护7天（图2-40）。

2. 施工要点

（1）在住宅底层砌筑主墙、外墙时应重新开挖基础，制作与原建筑基础相同的构造，并用$\phi10\sim\phi12$mm钢筋与原基础相插接。砌筑室内辅墙时，如果厚度小于200mm，高度小于0.3m，可以直接在地面开设深50～100mm左右的凹槽作为基础。

（2）补砌墙体的转角部位也应与新砌筑的墙体一致，在其间埋设$\phi6\sim\phi8$mm

的拉结钢筋。厚度小于150mm的墙体可埋设2根为1组，厚度大于150mm且小于250mm的墙体可埋设3根为1组，在高度上间隔600～800mm埋设1组。墙体直线达到4m左右时，就应设砖柱或构造柱。

（3）补砌墙体与旧墙交接部位应呈马牙槽状或锯齿状，平均交叉宽度应大于100mm。尽量选用与旧墙相同的砖进行砌筑，新旧墙之间结合部外表应用$\phi2@25mm$钢丝网挂贴，以防开裂。封闭门、窗洞口时，封闭墙体的上沿应用标准砖倾斜45°嵌入砌筑。

（4）补砌墙体多采用1：3水泥砂浆，而抹灰一般分为两层，底层抹灰又称为找平抹灰，采用1：3或1：2.5水泥砂浆，抹厚约8～10mm，抹平后须用长度大于2m的钢抹较平，待干后再作面层抹灰，采用1：2水泥砂浆，抹厚为5～8mm，抹平后用钢铲找光（图2-41和图2-42）。

2.3.3　包砌水落管

厨房、卫生间里的水落管一般都要包砌起来，这样既美观又洁净，属于墙体砌筑施工中的重要环节。水落管一般都是PVC管，具有一定的缩胀性，包水落管时要充分考虑这种缩胀性（图2-43）。水落管的传统包砌方法是使用砖块砌筑，砖砌的水落管隔声效果不好，从上到下的水流会产生很大的噪声。下面介绍一种流行的包水落管方法。

1. 施工方法

（1）查看水落管周边环境，在水落管周边的墙面上放线定位，限制包砌水落管的空间（图2-44）。

（2）采用30mm×40mm的木龙骨绑定水落管，用细钢丝将木龙骨绑在水落管周围。

（3）在木龙骨周围覆盖隔声海绵，采用宽胶带将隔声海绵缠绕绑固，再使用防裂纤维网将隔声海绵包裹，使用细钢丝绑扎固定。

（4）在表面上涂抹1：2水泥砂浆，采用金属模板找平校直，湿水养护7天以上才能作后续施工。

2. 施工要点

（1）$\phi110mm$以下的水落管可绑扎3～4根木龙骨，$\phi110mm$以上的水落管

补砌墙体表面抹灰应保持平整，新旧墙体之间应砌筑构造柱。

图2-41　补砌墙体抹灰

补砌墙体表面抹灰找平后应反复、多次湿水，保证水泥砂浆能均衡干燥。

图2-42　补砌墙体完毕

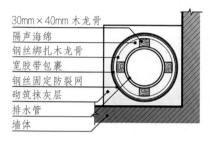

30mm×40mm 木龙骨
隔声海绵
钢丝绑扎木龙骨
宽胶带包裹
钢丝固定防裂网
砌筑抹灰层
排水管
墙体

图2-43　包砌水落管示意

查看水落管位置、数量与周边环境，确定包砌空间，同时修补顶面防水层。

图2-44　卫生间水落管

可绑扎5～6根木龙骨。由于绑扎了木龙骨，不会造成表面瓷砖开裂，质量比传统的砖砌包筑水落管要稳定。

（2）用于水落管隔声的材料很多，厚度大于40mm海绵即可，价格低廉，效果不错。将海绵紧密缠绕在厨房、卫生间水落管上，再用宽胶带粘贴固定，缠绕时注意转角，不能有遗漏。防裂纤维网能有效阻止水泥砂浆对水落管的挤压，必须增添缠绕，不能省略。

（3）遇到检修阀门或可开启的管口，应当将其保留，在外部采用木芯板制作可开启的门扇，方便检修。

（4）砌筑水落管套要注意水泥砂浆涂抹须饱满严实。表面抹灰应平整，须用水平尺校对，保证后期瓷砖铺贴效果，顶部一般不作包砌（图2-45）。

（5）阳台、露台等户外水落管包砌后要选配相配套的外饰面材料，保持外观一致（图2-46）。

两根水落管之间应填塞砌块，防止外部水泥砂浆造成挤压，管道顶部位于吊顶层内，不宜包砌，预留后方便检修。

图2-45　包砌水落管

对于阳台或户外水落管，应选购配套饰面材料镶贴，否则不宜包砌水落管。

图2-46　阳台水落管包砌

识别选购方法

　　如果没有特殊使用要求，不建议拆除现有隔墙，同时控制增加砌筑的构造，厨房、卫生间的隔墙不能拆除，拆除震动会导致渗水、漏水。

正确认识隔墙

拆墙一直是装修中的热门话题，拆墙甚至成为装修的代名词，是装修的必修课。拆墙的目的是为了拓展起居空间、变化交通流线，使家居空间更适合业主的生活习惯，但是拆墙又会对建筑结构造成影响。以往大多数人认为，只要不拆承重墙就没事，或者拆了顶楼的承重墙也没事。其实这都是误解，建筑中的任何隔墙都具有承担重力的功能，即使是非承重墙也能起到一定的坚固作用，就像一个木制板凳，每两个凳腿之间都有1根横撑，如果横撑增加到3根，那么会更加经久耐用。将非承重墙拆了，建筑的横梁与立柱之间就完全失去了依托，对住宅的抗风、抗震性能都会存在消极影响。尤其是周边环境很空旷，住宅对抗风性要求就高，室内墙体拆除过多还会造成外墙裂缝、渗水（图2-47）。

如果觉得现有隔墙特别影响生活起居，可以有选择地拆除，如厚度小于180mm的砖墙，拆墙总面积应小于20m^2。当然，很多施工方是鼓励主业拆墙的，拆墙越多，消费越高，施工就越复杂，他们的收益也就越丰厚。

厚度大于180mm的砖墙最好不要拆，如果要求拓展流通空间，可以在砖墙上开设1个宽度小于1200mm的门洞。卫生间、厨房、阳台、庭院中或周边的墙体也不要随意拆除，这些墙体上有防水涂料，墙体周边布置了大量管线，一旦破坏很难发现并及时修补，导致日后渗水、漏水。

如果希望将卫生间、厨房的隔墙做成玻璃，拆墙时一定要在底部保留高度大于200mm，并重新涂刷防水涂料。承重墙、立柱、横梁是千万不能拆除的，有的施工方认为拆了可以替换上型钢，起到支撑作用，钢材的辅助支撑只存在局部，它对于整个楼层而言，只是杯水车薪。识别是否为承重墙、立柱、横梁比较简单，可以对照原有建筑设计图来判定。

承重墙的厚度一般大于200mm，立柱与横梁大多会凸出于墙体表面。如果实在无法确认，可以用小锤将墙体表面的抹灰层敲掉，如果露出带有碎石与钢筋的混凝土层就说明这是承重墙，如果露出的是蓝灰色的轻质砖，一般可以拆除（图2-48）。当然，厚度大于200mm的砖墙还是要慎重考虑，高层或房龄超过10年的住宅最好不要拆除现有墙体，可以通过外观装饰来改变空间氛围。

拆除隔墙后，应保留完整的墙体转角或构造柱，及时采用水泥砂浆修补完整。在卫生间、厨房墙体底部抹灰应添加防水材料。

图2-47 墙体边角找平

用铁锤敲击墙体转角，观察基层材料，如有碎石则说明是承重墙或剪力墙，不能拆除。

图2-48 敲击墙角抹灰层

03

水电施工
Hydropower Construction

　　水电施工又称为隐蔽施工，施工完毕后，全部构造会被填补、遮盖，日后出现问题就不便维修，值得业主与施工方充分重视。水电施工的安全性是所有家居装修的重点，水管连接应尽量缩短，并减少转角数量。电线型号选用应预先经过预测计算，不能盲目连接。本章详细介绍水电施工方法与规范。

水电施工属于隐蔽工程，各种管线都要埋入墙体、地面中，因此，要特别注重施工质量，保证水电通畅自如，具有非常强的密闭性。识别水电施工质量的关键环节在于墙地面开槽的深度与宽度应保持一致，且边缘整齐。

本章导读

　　水电施工的技术含量较高，要求施工员懂得一定的力学、电学知识，在较发达的城市，很多装饰公司要求施工员具备专业技术证书才能上岗。但是水电施工需要有详细、明确的图纸作指导，要求业主能看懂基本施工图。本章详细讲解水路、电路的改造与布置方法，此外还包括卫生间地面回填与找平、防水施工等后续施工内容，全面涵盖水电施工流程，具有较强的实用价值。让装修业主、项目经理深入了解水电施工的技术要点，保证施工质量（图3-1）。

3.1 水路改造与布置

操作难度 ★★★★★

给水管施工　排水管施工

水路施工前一定要绘制比较完整的施工图，并在施工现场与施工员交代清楚，水路改造是指在现有水路构造的基础上对管道进行调整，水路布置是指对水路构造进行全新布局。水路构造施工主要分为给水管施工与排水管施工两种。其中给水管施工是重点，需要详细图纸指导施工（图3-2和图3-3）。

3.1.1 给水管施工

1. 施工方法

（1）查看厨房、卫生间的施工环境，找到给水管入口（图3-4）。大多数商品房住宅只将给水管引入厨房与卫生间后就不作延伸了，在施工中应就地开口延伸，但是不能改动原有管道的入户方式。

（2）根据设计要求放线定位（图3-5），在墙地面开凿穿管所需的孔洞与暗槽，部分给水管布置在顶部，管道会被厨房、卫生间的扣板遮住。尽量不要破坏地面防水层（图3-6）。

图3-1　采用切割机在墙面开槽，其深度应当与管材规格对应，软质管线应穿入硬质PVC管中

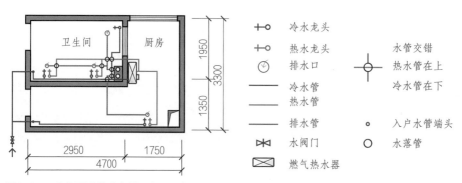

图3-2　卫生间厨房给水布置示意

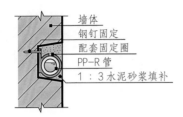

图3-3　给水管安装构造示意

商品房住宅的给水管一般都预先布置完毕，仔细查看所在位置与地面管道走向，在施工中应注意保护。

图3-4　查看给水管位置

在墙地面上开设管槽之前，应当放线定位，采用墨线盒弹线。

图3-5　放线定位

采用切割机开槽时应当选用瓷砖专用切割片，切割管槽深度略大于管道直径。

图3-6　切割机开槽

（3）根据墙面开槽尺寸对给水管下料并预装，布置周全后仔细检查是否合理，其后就正式热熔安装（图3-7和图3-8），并采用各种预埋件与管路支托架固定给水管。

（4）采用打压器为给水管试压，使用水泥砂浆修补孔洞与暗槽。

2．施工要点

（1）施工前要根据管路改造设计要求，将穿墙孔洞的中心位置要用十字线标记在墙面上，用电锤打洞孔，洞孔中心线应与穿墙管道中心线吻合，洞孔应平直。安装前还要清理管道内部，保证管内清洁无杂物。

（2）安装时注意接口质量，同时

专用于PPR管的热熔机应当充分预热，热熔时间一般为15～20s。

图3-7　管材热熔

热熔后应当及时对接管道配件，握紧固定15～20s。

图3-8　连接管件

找准各管件端头的位置与朝向，以确保安装后连接各用水设备的位置正确，管线安装完毕后应清理管路。水路走线开槽应该保证暗埋的管道在墙内、地面内，装修后不应外露。开槽深度要大于管径20mm，管道试压合格后墙槽应用1：3水泥砂浆填补密实，外层封闭厚度为10～15mm，嵌入地面的管道应大于10mm。嵌入墙体、地面或暗敷的管道应严格验收（图3-9和图3-10）。冷热水管安装应左热右冷，平行间距应大于200mm（图3-11）。

（3）明装水管一般位于阳台、露台等户外空间，能避免破坏外墙装饰材料。穿墙体时应设置套管，套管两端应与墙面持平。明装单根冷水管道距墙表面应为15～20mm，管道敷设应横平竖直。各类阀门的安装位置应正确且平正，便于使用与维修，同时保证整齐美观。室内明装给水管道的管径一般都在15～20mm之间。管径小于20mm的给水管道固定管卡的位置应设在转角、水表、水龙头、三角阀及管道终端的100mm处。管道暗敷在墙内或吊顶内，均应在试压合格后做好隐蔽工程验收记录。

（4）给水管道安装完成后，在隐蔽前应进行水压试验，给水管道试验压力应大于0.6MPa（图3-12）。没有加压条件下的测试办法可以关闭水管总阀，打开总水阀门30min，确保没有水滴后再关闭所有的水龙头。打开总水阀门30min后查看水表是否走动，包括缓慢

图3-9　管道组装入槽

图3-10　封闭管槽

图3-11　管道外露端口

图3-12　打压试水

的走动，如果有走动即为漏水了，如果没有走动即为没有渗漏。

3.1.2　排水管施工

排水管道的水压小，管道粗，安装起来相对简单。目前很少住宅的厨房、卫生间都设置好了排水管，一般不必刻意修改，只是按照排水管的位置来安装洁具即可。更多住宅为下沉式卫生间，只预留一个排水孔，所有管道均需要现场设计、制作（图3-13）。

1. 施工方法

（1）查看厨房、卫生间的施工环境，找到排水管出口。现在大多数商品房住宅将排水管引入厨房与卫生间后就不作延伸了，需要在施工中对排水口进行必

要延伸，但是不能改动原有管道的入户方式（图3-14）。

（2）根据设计要求在地面上测量管道尺寸，对给水管下料并预装。厨房地面一般与其他房间等高，如果要改变排水口位置只能紧贴墙角作明装，待施工后期用地砖铺贴转角作遮掩，或用橱柜作遮掩。下沉式卫生间不能破坏原有地面防水层，管道都应在防水层上布置安装。如果卫生间地面与其他房间等高，最好不要对排水管进行任何修改，作任何延伸或变更，否则都需要砌筑地台，给出入卫生间带来不便。

（3）布置周全后仔细检查是否合理，其后就正式胶接安装（图3-15和图3-16），并采用各种预埋件与管路支托

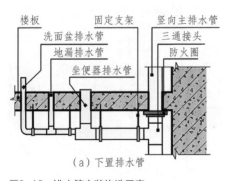

（a）下置排水管

图3-13　排水管安装构造示意

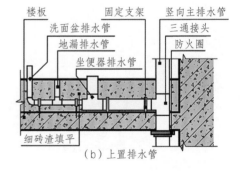

（b）上置排水管

图3-14　查看排水管位置

图3-15　管道涂胶

将管道分为多个单元独立组装，摆放在地面校正水平度与垂直度。

图3-16　组装排水管

架固定给水管。

（4）采用盛水容器为各排水管灌水试验，观察排水能力及是否漏水，局部可以使用水泥加固管道。下沉式卫生间需用细砖渣回填平整，回填时注意不要破坏管道。

2．施工要点

（1）量取管材长度后，裁切管材时，两端切口应保持平整，锉除毛边并作倒角处理。黏结前必须进行试装，清洗插入管的管端外表约50mm长度与管件承接口内壁，再用涂有丙酮的棉纱擦洗1次，然后在两者黏结面上用毛刷均匀涂上1层胶粘剂即可，不能漏涂。

（2）涂毕立即将管材插入对接管件的承接口，并旋转到理想的组合角度，再用木槌敲击，使管材全部插入承口，在2min内不能拆开或转换方向，及时擦

去接合处挤出的粘胶，保持管道清洁。

（3）安装PVC排水管应注意管材与管件连接件的端面要保持清洁、干燥、无油，并去除毛边与毛刺。

（4）管道安装时必须按不同管径的要求设置管卡或吊架，位置应正确，埋设要平整，管卡与管道接触应紧密，但不能损伤管道表面。采用金属管卡或吊架时，金属管卡与管道之间应采用橡胶等软物隔垫。安装新型管材应按生产企业提供的产品说明书进行施工。

（5）横向布置的排水管应保持一定坡度，一般为2%左右，坡度最低处连接到主水落管，坡度最高处连接距离主水落管最远的排水口（图3-17）。

（6）每个排水构造底端应具备存水弯构造，如果洁具的排水管不具备存水弯，就应当采用排水管制作该构造。

排水管安装应从低向高安装固定，用砖垫起竖向管道，能形成坡度加速排水。

图3-17　排水管安装固定

识别选购方法 ▰▰▰

如水路施工的关键在于密封性，施工完毕后应通水检测。确保给水管道中储水时间达24h以上不渗水。排水管道应能满足80℃热水排放。

3.2 电路改造与布置

操作难度 ★★★★★

强电施工 弱电施工

电路改造与布置更复杂，涉及强电与弱电两种电路。强电可以分为照明、插座、空调电路，弱电可以分为电视、网络、电话、音响电路等，两种电路的改造与布置方式基本相同。电路施工在装修中涉及的面积最大，遍布整个住宅，现代家居装修要求全部线路都隐藏在顶、墙、地面及装修构造中，需要严格操作。

3.2.1 强电施工

强电施工是电路改造与布置的核心，

应正确选用电线型号，合理分布。

1. 施工方法

（1）根据完整的电路施工图现场草拟布线图（图3-18和图3-19），使用墨线盒弹线定位，在墙面上标出线路终端插座、开关面板位置（图3-20和图3-21），对照图纸检查是否有遗漏。

（2）在顶、墙、地面开线槽，线槽宽度及数量根据设计要求来定（图3-22）。埋设暗盒及敷设PVC电线管，将单股线穿入PVC管（图3-23和图3-24）。

（3）安装空气开关、各种开关插座面板、灯具，并通电检测。

（4）根据现场实际施工状况完成电路布线图，备案并复印交给下一工序的

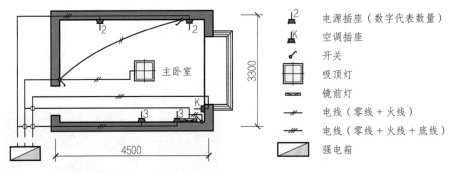

图3-18 主卧室强电布置示意

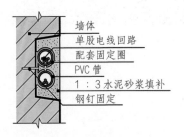

图3-19 PVC穿线管布设构造示意

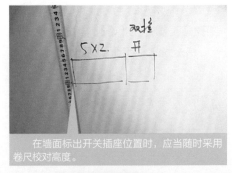

在墙面标出开关插座位置时，应当随时采用卷尺校对高度。

图3-20 标出开关插座位置

墙面放线定位应当保持垂直度，以墨线盒自然垂挂为准。

图3-21　放线定位

由于电线管较细，采用切割机开设管槽可以较浅，一般不要破坏砖体结构。

图3-22　切割机开管槽

将弹簧穿入线管中，再用手直接将管道掰弯即可得到转角形态。

图3-23　线管弯曲

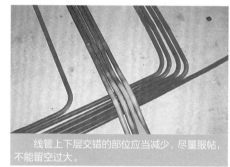

线管上下层交错的部位应当减少，尽量服帖，不能留空过大。

图3-24　线管布置

施工员。

2. 施工要点

（1）设计布线时，执行强电走上，弱电在下，横平竖直，避免过多交叉，坚持美观实用的原则。

（2）使用切割机开槽时深度应当一致，一般要比PVC管材的直径要宽10mm。

（3）住宅入户应设有强、弱电箱，配电箱内应设置独立的漏电保护器，分数路经过空开后，分别控制照明、空调、插座等。空气开关的工作电流应与终端电器的最大工作电流相匹配，不能相差过大。

（4）PVC管应用管卡固定，PVC管接头均用配套接头，用PVC管道胶粘剂

粘牢，弯头均用弹簧弯曲构件，暗盒与PVC管都要用钢钉固定（图3-25）。

（5）PVC管安装好后，统一穿电线，同一回路的电线应穿入同一根管内，但管内总根数应少于8根，电线总截面积（包括绝缘外皮）应不超过管内截面积的

线管布置完毕后应当及时固定，采用专用线管卡固定至墙地面上。

图3-25　固定线管

电线回路计算

现代电器的使用功率越来越高，要正确选用电线就得精确计算，但是计算方式却非常复杂，现在总结以下规律，可以在设计时随时参考（铜心电线）：2.5mm²（16A～25A）≈5500W；4mm²（25A～32A）≈7000W；6mm²（32A～40A）≈9000W。

当用电设备功率过大时，如超过10000W，就不能随意连接入户空气开关，应当到物业管理部门申请入户电线改造，否则会影响其他用电设备正常工作，甚至影响整个楼层、门栋的用电安全。

一般人都知道的常识是，不能用过细的电线连接功率过大的电气设备，但是也要注意，不能用过粗的电线连接功率过小的电气设备，这样看似很安全，其实容易烧毁用电设备，而且电流会在过粗的电线上造成损失，反而浪费电。

40%，暗线敷设必须配阻燃PVC管（图3-26）。

（6）当管线长度大于15m或有两个直角弯时，应增设拉线盒。吊顶上的灯具位应设拉线盒固定。穿入配管导线的接头应设在接线盒内，线头要留有余量150mm左右，接头搭接应牢固，绝缘带包缠应均匀紧密（图3-27和图3-28）。

（7）吊顶构造应当预留足够长的电线，待制作吊顶构造后再布设（图3-29）。大功率电器设备应单独配置空气开关，并设置专项电线（图3-30）。

（8）安装电源插座时，面向插座的左侧应接零线（N），右侧应接火线（L），中间上方应接保护地线（PE）。保护地

图3-27　暗盒安装

暗盒嵌入墙体安装完毕后，应当及时采用水泥砂浆封闭固定。

电线穿管后应预留150mm端头，每根管内的电线应当为一个独立回路。

图3-26　电线穿管

强电配电箱一般在入户大门不远处，各路电线汇集于此，可暂时整齐盘绕。

图3-28　强电配电箱安装

线一般为2.5mm²的双色线，导线间与导线对地间电阻必须大于0.5Ω（图3-31和图3-32）。

（9）电源线与信号线不能穿入同1根管内。电源线及插座与电视线及插座的水平间距应大于0.3m。电线与暖气、热水、煤气管之间的平行距离应大于0.3m，交叉距离应大于0.1m。电源插座底边距地宜为0.3m，开关距地宜为1.3m。挂壁空调插座高1.8m，厨房各类插座高0.95m，挂式消毒柜插座高1.8m，洗衣机插座高0.9m，电视机插座高0.65m。同一室内的插座面板应在同一水平标高上，高差应小于5mm。

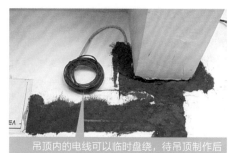

吊顶内的电线可以临时盘绕，待吊顶制作后再进行布置。

图3-29 顶部预留电线

大功率空调应在插座部位单独安装空气开关。

图3-30 空调插座安装

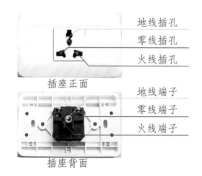

图3-31 普通插座接线示意

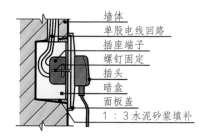

图3-32 开关插座面板安装构造示意

3.2.2 弱电施工

弱电是指电压低于36V的传输电能，主要用于信号传输，电线内导线较多，传输信号时容易形成电磁脉冲弱。

弱电施工的方法与强电基本相同，同样也应当具备详细的设计图纸作指导（图3-33）。在电路施工过程中，强电与弱电同时操作，只是要特别注意添加防屏蔽构造与措施，各种传输信号的电线除了高档产品自身具有防屏蔽功能外，还应当采用带防屏蔽功能的PVC穿线管。

弱电管线与强电管线之间的平行间距应大于0.3m，不同性质的信号线不能穿入同一PVC穿线管内。在施工时应尽量缩短电路的布设长度，减少外部电磁信号干扰（图3-34）。

随着无线网络技术的发展，目前大多数家居装修都采用无线网络与无线电话，甚至电视信号都采用无线网络机顶盒，大幅度简化了弱电施工，降低了施工成本。网络路由器的安装位置就显得特别重要。网络路由器一般安装在住宅平面的中央，位于墙面高度2m左右最佳，布设线路时，从距离入户大门不远的终端开始连接网线，直至住宅中央的走道或过厅处，在墙面上设置接口插座与电源插座（图3-35）。接口插座与电源插座之间的间距应大于0.3m，网络接口插座所处位置的确定因地制宜，其位置与各房间的计算机、电视机、电话应保持最小间距，注意回避厨房、卫生间的墙面瓷砖与混凝土墙体，否则会有阻隔，影响信号传输。

较复杂的弱电还包括音响线、视频线等，这些在今后的家居装修中会越来越普及，因此，如果条件允许，弱电可以布置在吊顶内或墙面高处，强电布置在地面或墙面低处，将两者系统地分开，既符合安装逻辑，又能高效、安全地传输信号。

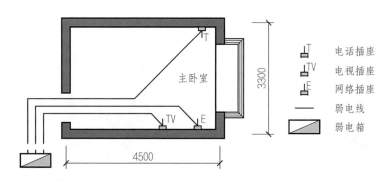

图3-33　主卧室弱电布置示意

强电与弱电管线之间的平行间距应保持300mm以上，防止电磁信号干扰。

图3-34　强电弱电分开布置

弱电配电箱内应安装电源插座，供无线路由器等设备使用。

图3-35　弱电配电箱安装

施工准备

基础施工

第3章 **水电施工** 铺装施工

构造施工

涂饰施工

安装施工

维修保养

识别选购方法

　　电路施工布置的技术难度不高，但是必须有电路设计图纸作指导，图纸上的线路连接应具有逻辑性。尽量节省电线用量，施工时应尽量减少在墙面上开槽，最大程度降低对住宅建筑造成破坏。强电与弱电之间的线路应时刻保持0.3m以上的间距。不同种类的电线都有特定的用途，特别注意，不宜在低功率回路上采用过粗的电线，更不能在高功率回路上采用过细的电线。

电路施工一览●大家来对比●　　　　　　　　　（以下价格包含主材、辅材与人工费）

类 别		性 能 特 点	用 途	价 格
	明装电线	安装施工简单、快捷，实用性较强，外观凸出不利于美观	临时布线或装修后增加布线，一般不建议明装电线	20~25元/m
	暗装电线	安装施工较复杂，布置在墙体中，对施工工艺要求严格，不便整改	永久布线，是家居装修主流施工方式	15~20元/m
	地面安装电线	安装施工较简单，布置自由，如果不开槽，必须对地面进行找平处理，增加后续施工成本	大面积户型电路施工布置	15~20元/m
	墙面安装电线	安装施工较复杂，需要在墙面开槽，对施工工艺要求严格，不便后期整改	辅助地面布线	15~20元/m
	顶面安装电线	安装施工较简单，布置自由，开槽较浅，容易破坏楼板	安装顶面灯具与用电设备	10~15元/m
	构造内安装电线	安装施工较简单，布置自由，无需开槽，预留线管长度应当合适	吊顶、隔墙、家具内部线路构造	15~20元/m

3.3 地面回填与找平

操作难度 ★★★★★

渣土回填　地面找平

地面回填适用于下沉式卫生间与厨房，这是目前大多数商品房住宅流行的构造形式，下沉式建筑结构能自由布设给排水管道，统一制作防水层，有利于个性化空间布局。但是也给装修带来困难，即是需要大量轻质渣土将下沉空间填补平整。

3.3.1 渣土回填

渣土回填是指采用轻质砖渣等建筑构造的废弃材料填补下沉式空间，这需要在下沉空间中预先布设好管道。回填材料不能破坏已安装好的管道设施，不能破坏原有地面的防水层。

1. 施工方法

（1）检查下沉空间中管道是否安装妥当，采用1：2水泥砂浆加固管道底部，对管道起支撑作用，务必进行通水检测（图3-36）。

（2）仔细检查地面原有防水层是否受到破坏，如已经被破坏，应采用同种防水材料修补（图3-37）。

（3）选用轻质墙砖残渣仔细铺设到下沉地面，大块砖渣与细小灰渣混合铺设（图3-38～图3-40）。

（4）铺设至下沉空间顶部时采用1：2水泥砂浆找平，湿水养护7天。

2. 施工要点

（1）管道底部应做好支撑，除了常规支架支撑外，还应铺垫砖砌构造，防止回填材料将管道压弯压破。

（2）大多数下沉卫生间、厨房的基层防水材料为沥青，应选购成品沥青漆将可能受到破坏的部位涂刷2～3遍，尤

安装管道时难免会破损原有防水界面，采用防水材料填补。

图3-37　修补防水层

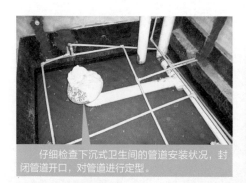

仔细检查下沉式卫生间的管道安装状况，封闭管道开口，对管道进行定型。

图3-36　检查管道安装

采用大块轻质砌块填补下沉卫生间的底部。

图3-38　铺垫砖块

图3-39　装修细砖渣

图3-40　砖渣回填

图3-41　水泥砂浆找平

图3-42　蹲便器预留下沉空间

其是固定管道支架的螺栓周边，应作环绕封闭涂刷。

（3）回填材料应选用墙体拆除后的砖渣，体块边长不宜超过120mm，配合不同体态的水泥灰渣一同填补，不能采用石料、瓷砖等高密度碎料，以免增加楼板承重负担。

（4）填补原则是底层厚度100mm左右为粗砖渣，体块边长100mm左右；中层厚度100mm左右为中砖渣，体块边长50mm左右；面层厚度100mm左右为中砖渣，体块边长20mm左右。每层之间均用粉末状灰渣填实缝隙。

（5）如需放置蹲便器等设备，应预先安装在排水管道上，固定好基座后再回填。1∶2水泥砂浆找平层厚约20mm，采用水平尺校正（图3-41和图3-42）。

3.3.2　地面找平

地面找平是指水电隐蔽施工结束后，对住宅地面填铺平整的施工，主要填补地面管线凹槽，对平整度有要求的室内地面进行找平，以便铺设复合木地板或地毯等轻薄的装饰材料。为了强化防水防潮效果，可以在地面涂刷地坪涂料，还能防止水泥砂浆地面起毛粉化。

1. 施工方法

（1）检查地面管线的安装状况，通电通水检测无误后，采用1∶2水泥砂浆填补地面管线凹槽（图3-43～图3-45）。

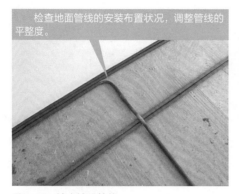

检查地面管线的安装布置状况，调整管线的平整度。

图3-43 检查地面管线

基层找平的水泥砂浆可以适度较干，表层水泥砂浆可以适度较稀。

图3-44 调和水泥砂浆

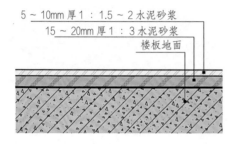

5～10mm厚1：1.5～2水泥砂浆
15～20mm厚1：3水泥砂浆
楼板地面

图3-45 地面找平构造示意

基层水泥砂浆主要填补管线之间的空间，能基本覆盖管线表面即可。

图3-46 基层找平

（2）根据地面的平整度，采用1：2水泥砂浆将地面全部找平或局部找平，对表面进行抹光，湿水养护7天。

（3）仔细清扫地面与边角灰渣，涂刷2遍地坪漆，养护7天。

2. 施工要点

（1）采用1：2水泥砂浆仔细填补地面管线，不仅应固定管线，还应将管线完全封闭在地面凹槽内（图3-46）。

（2）如果地面铺装瓷砖或实木地板，应采用1：2水泥砂浆固定管卡部位；无管卡部位，应间隔500mm管固定身，各种管道不应悬空或晃动。此外，注意采用砖块挡住找平区域边缘（图3-47）。

（3）对地面作整体找平时应预先制作地面标筋线或标筋块，高度一般为20～30mm，或根据地面高差来确定。标筋线或标筋块的间距为1.5～2m。最后用钢抹抹光表面，注意采用水平尺随时校正（图3-48～图3-50）。

找平层边缘应采用砖块挡住，保持边缘整齐，能与其他地面铺装材料对接。

图3-47 挡住边缘

施工准备

基础施工

第3章 **水电施工** 铺装施工

构造施工

涂饰施工

安装施工

维修保养

面层找平应用钢抹找平、找光，表面应当细腻平整。

图3-48　面层找平

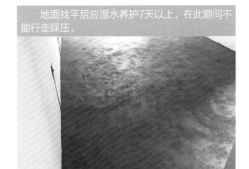

地面找平后应湿水养护7天以上，在此期间不能行走踩压。

图3-49　地面找平完毕

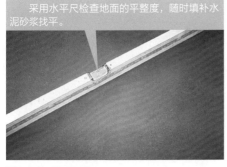

采用水平尺检查地面的平整度，随时填补水泥砂浆找平。

图3-50　水平尺校正

（4）如果准备铺装高档复合木地板、地胶或地毯，应选用自流地坪砂浆找平地面，铺设厚度20～30mm为佳，具

体铺装工艺根据不同产品的包装说明来执行。

（5）如果对整个家居地面的防水防潮性能有特殊要求，可以在地面找平完成后，涂刷2遍地坪漆。地坪漆施工比较简单，保持地面干燥，将灰砂清理干净即可涂刷，涂刷至墙角时覆盖墙面高度100mm左右，坚固防水功能。对于用水量很少的厨房也可以采用地坪漆来替代防水涂料，但是不能地坪漆不能用于卫生间、阳台等用水量大的空间。

识别选购方法

经过回填与找平的地面应当注意高度，卫生间、厨房地面应考虑地面排水坡度与地砖铺装厚度，距离整体房间地面高度应保留60mm左右。客厅、卧室地面找平层厚度不宜超过20mm，否则会增加住宅建筑楼板的负荷。

3.4 防水施工

操作难度 ★★★★★

室内防水施工　室外防水施工

给排水管道都安装完毕后，就需要开展防水施工。所有毛坯住宅的厨房、卫生间、阳台等空间的地面原来都有防水层，但是所用的防水材料不确定，防水施工质量不明确，因此无论原来的防水效果如何，在装修时应当重新检查并制作防水层（图3-51）。下面分别介绍室内与室外两种施工方式。

3.4.1 室内防水施工

室内防水施工主要适用于厨房、卫生间、阳台等经常接触水的空间，施工界面为地面、墙面等水分容易附着的界面上。目前用于室内的防水材料很多，大多数为聚氨酯防水涂料与硅橡胶防水涂料，这两种材料的防水效果较好，耐久性较高（图3-52、图3-53）。下面介绍聚氨酯防水涂料的施工方法。

1. 施工方法

（1）将厨房、卫生间、阳台等空间的墙地面清扫干净，保持界面平整、牢固，对凹凸不平及裂缝采用1∶2水泥砂浆抹平，对防水界面洒水润湿（图3-54）。

（2）选用优质防水浆料，按产品包装上的说明与水泥按比例准确调配，调配均匀后静置20min以上（图3-55）。

对原有防水层进行试水检测，将整个卫生间浸泡48h，到楼下观察，如不渗水则可以继续施工，如有渗水，应联系物业公司维修。

图3-51　检查原始防水层

聚氨酯防水涂料的结膜度高，防水效果好，施工后等待时间短，但是挥发性较强，气味难闻，对环境有一定污染。

图3-52　沥青防水层

硅橡胶防水涂料需要掺入水泥粉末，比例应严格控制，无刺鼻气味，干燥时间较长，对施工工艺要求更严格。

图3-53　水泥基防水层

对即将涂刷防水涂料的部位进行基层处理，拆除原有防水层。

图3-54　基层处理

（3）对地面、墙面分层涂覆，根据不同类型防水涂料，一般须涂刷2～3遍，涂层应均匀，间隔时间应大于12h，以干而不粘为准，总厚度为2mm左右（图3-56～图3-58）。

（4）须经过认真检查，局部填补转角部位或用水率较高的部位，待干。

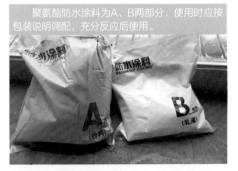

图3-55　聚氨酯防水涂料

（5）使用素水泥浆将整个防水层涂刷1遍，待干。

（6）采取封闭灌水的方式，进行检渗漏实验，如果48h后检测无渗漏，方可进行后续施工。

2. 施工要点

（1）涂刷防水浆料应采用硬质毛刷，调配比例与时间应严格按照不同产品的说明书执行，涂层不能有裂缝、翘边、鼓泡、分层等现象（图3-59和图3-60）。涂刷防水浆料后一定要进行48h闭水试验，确认无渗漏才能进行下一步施工（图3-61）。

（2）无论是厨房、卫生间，还是阳台，除了地面满涂外，墙面防水层高度

图3-56　涂刷破损部位

图3-58　涂刷排水管底部

图3-57　涂刷新筑构造

图3-59　整体涂刷

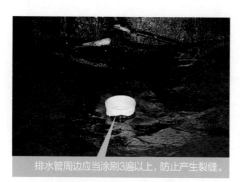

排水管周边应当涂刷3遍以上，防止产生裂缝。

图3-60　排水管边缘涂刷

防水涂料施工完毕后，应当再次湿水浸泡48h，到楼下查看是否漏水渗水。

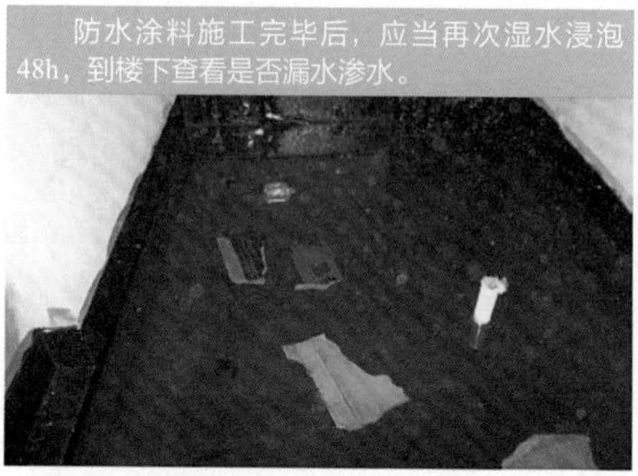

图3-62　涂刷完毕试水

在卫生间淋浴区，墙面涂刷高度应当达到1800mm以上，宽度每边应达到1200mm以上。

图3-61　淋浴区墙面涂刷

应达到300mm，卫生间淋浴区的防水层应大于1800mm（图3-62）。与浴缸、洗面盆相邻的墙面，防水涂料的高度也要比浴缸、洗面盆上沿高出300mm。要

注意与卧室相邻的卫生间隔墙，一定要对整面墙体涂刷1次防水浆料。如果经济条件允许，防水层最好都能做到顶，保证潮气不散到室内。

（3）如果是住宅二次装修，更换卫生间的地砖，将原有地砖凿去之后，先要用水泥砂浆将地面找平，然后再做防水处理。这样可以避免防水涂料因薄厚不均而造成渗漏。卫生间墙地面之间的接缝及上、下水管道与地面的接缝，是最容易出现问题的地方，接缝处要涂刷到位。

家装妙语	漏水的房子总是令人烦恼不堪，漏缝不难堵，关键在技术。人人都能掌握的防水技术12字准则：严格配料，把握时机，一步到位。

3.4.2　室外防水施工

　　室外渗水、漏水会给室内装修带来困难（图3-63和图3-64）。室外防水施工主要适用于屋顶露台、地下室屋顶等面积较大的表面构造，可以采用防水卷材进行施工，大多数商品房住宅的屋顶露台与地下室屋顶已经做过防水层，因

此在装修时应避免破坏原有防水层（图3-65和图3-66）。如果在防水界面进行开槽、钻孔、凿切等施工，一定注意修补防水层。下面介绍采用沥青制作室外防水层的施工方法。

　　防水卷材多采用聚氨酯复合材料，将其对屋顶漏水部位作完全覆盖，最终达到整体防水的目的。这种方法适用于

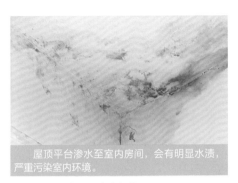

屋顶平台渗水至室内房间，会有明显水渍，严重污染室内环境。

图3-63　室内顶面渗水部位

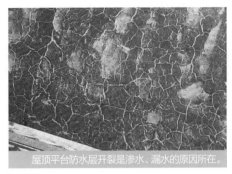

屋顶平台防水层开裂是渗水、漏水的原因所在。

图3-64　屋顶平台防水层开裂

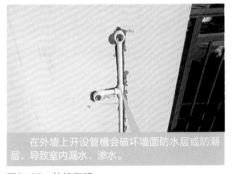

在外墙上开设管槽会破坏墙面防水层或防潮层，导致室内漏水、渗水。

图3-65　外墙开槽

室内外交界部位的管道凹槽会破坏原有防水层，这会导致室内漏水、渗水。

图3-66　地面开槽

漏水点多且无法找出准确位置的住宅屋顶，或用于屋顶女儿墙墙角整体防水修补。聚氨酯防水卷材是一种遮布状防水材料，宽0.9~1.5m，成卷包装，可量米裁切销售，既可用于粘贴遮盖漏水屋顶，又可加热熔化作涂刷施工，是一种价格低廉、使用多元化的防水材料。

仔细拆除原有防水层，否则铺装防水层后会提高地面基础高度，形成倒坡，使户外雨水回流至室内。

图3-67　拆除现有防水层

1. 施工方法

（1）察看室外防水可疑部位，结合室内渗水痕迹所在位置，确定大概漏水区域，并清理屋顶漏水区域内的灰尘、杂物，用钉凿将漏水区域凿毛，将残渣清扫干净（图3-67和图3-68）。

（2）将部分聚氨酯防水卷材加热融

墙面渗水应拆除外墙装饰材料，待制作防水层后再重新铺装。

图3-68　拆除墙面装饰材料

化，均匀泼洒在凿毛屋顶上，并赶刷平整，将聚氨酯防水卷材覆盖在上面并踩压平整。

（3）在卷材边缘涂刷1遍卷材熔液，将防裂纤维网裁切成条状粘贴至涂刷处。

（4）待卷材边缘完全干燥后，再涂刷2遍卷材熔液即可。

2. 施工要点

（1）确定漏水区域后，应将漏水区域及周边宽100~150mm的范围清理干净，采用小平铲铲除附着在预涂刷部位上的油脂、尘土、青苔等杂物，使屋顶露出基层原始材料。采用钉凿凿除表层

材料，如抹灰砂浆、保温板、防水沥青、防水卷材等，凿除深度为5~10mm，并将凿除残渣清理干净（图3-69）。

（2）将聚氨酯卷材裁切一部分，用旧铁锅或金属桶等大开口容器烧煮卷材，平均1kg卷材熔化后形成的黏液可涂刷0.5~0.8m²。将熔化后的沥青黏液泼洒在经过钉凿的屋顶界面上，并立即用油漆刷或刮板刮涂，将黏液涂刷平整（图3-70）。聚氨酯防水卷材覆盖粘贴后应及时踩压平整，不能存在气泡、空鼓现象（图3-71~图3-73）。

（3）在平整部位应当对齐防水卷

图3-69 清洗基层界面

图3-70 局部刮涂防水涂料

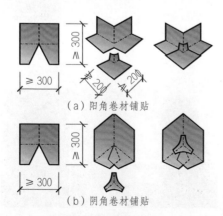

（a）阳角卷材铺贴

（b）阴角卷材铺贴

图3-71 防水卷材阳角与阴角处理

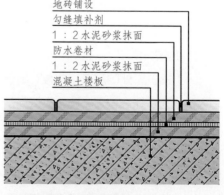

图3-72 防水卷材施工构造

图3-73 防水卷材阳角与阴角铺装

处，应将卷材弯压成圆角状后再铺贴，不能折叠，从平面转至立面的高度应大于300mm（图3-76、图3-77）。

（4）卷材边缘应用防裂纤维网覆盖，将其裁切成宽度100～150mm条状，使用卷材熔液粘贴，及时赶压出可能出现的气泡，待完全干燥后再涂刷2遍熔液，其厚度应小于5mm。

（5）施工完毕后，最好在防水层表面铺装硬质装饰材料，保护防水卷材不被破坏。

材的边缘，将卷材展开排列整齐（图3-74）。热熔焊接时应充分熔解卷材表面（图3-75）。在女儿墙等构造的凹角

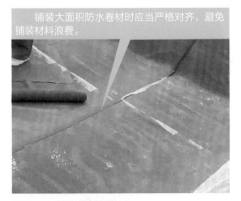

图3-74 防水卷材铺装

图3-75 焊接缝隙

图3-76 焊接女儿墙

图3-77 施工完毕

识别选购方法

　　防水施工是现代家居装修的重点,很多业主为渗水、漏水烦恼不堪,目前市面上也出现了各种防水材料,应仔细阅读这些材料的使用说明,了解其用途与施工方法后再购买,施工时应严格按照包装上的指导方法来施工,任何细节差异都会影响施工质量。如果业主对防水施工特别重视,可以根据本书内容亲自动手操作,更仔细、更全面的防水施工能为日后生活带来很多便利。

★家装小贴士★

防水卷材的耐久性

　　要提高防水卷材的耐久性应当注意保护好施工构造表面,施工完毕后不随意踩压、表面不放置重物,或钉接安装其他构造,发生损坏应及时维修。大多数户外防水卷材保养得当,一般可以保用5年以上。聚氨酯防水卷材的综合铺装费用为100~150元/m²左右。

防水施工一览●大家来对比●　　　　　　　**（以下价格包含主材、辅材与人工费）**

类　别		性　能　特　点	用　途	价　格
聚氨酯防水涂料		施工操作简单、快捷,挥发性强,气味难闻,结膜度高,防水效果好	室内装修基层铺装、涂刷	50~60元/m²
水泥基防水涂料		施工操作简单、快捷,无毒无味,与水泥的搭配比例要求严格,结膜度一般,防水效果较好	室内装修基层铺装、涂刷,面层修补	60~80元/m²
防水卷材		施工操作比较复杂,施工时挥发性强,气味难闻,材质较厚,户外耐久性好,防水效果较强	室外大面积铺装	100~150元/m²

04

铺装施工
Tile Fixing Process

铺装施工追求精致、平整的外观，基层水泥砂浆的干湿度要控制合理，不能形成较大空隙，铺装施工能考验施工员的耐心，这也是铺装品质的关键。此外，厨房、卫生间的墙地面铺装材料应选择优质产品，质地密实、规格统一的砖材才具备防水功能，装修质量才能达到较高品质。

铺装施工的关键在于对齐多块之间的缝隙，抛光砖、玻化砖等高精度砖材应当保持紧密铺装，普通瓷质砖应当保留1mm左右的缝隙，以备日后砖材发生缩胀。地面砖的平整度与缝隙宽度与砖材质量有很大关系，因此，如果条件允许，应当选用中高档优质产品。

本章
导读

　　铺装施工技术含量较高，需要具有丰富经验的施工员操作，讲究平整、光洁，是家居装修施工的重要面子工程，墙地面的装饰效果主要通过铺装施工来表现。本章主要介绍墙面砖、地面砖、锦砖、玻璃砖等材料的铺装方法，特别注重材料表面的平整度与缝隙宽度。在施工过程中，随时采用水平尺校对铺装构造的表面平整度，随时采用尼龙线标记铺装构造的厚度，随时采用橡皮锤敲击砖材的四个边角，这些都是控制铺装平整度的重要操作方式（图4-1）。

图4-1 阳台、卫生间都有地漏，应当控制好铺装坡度，保持水流顺利流向地漏，砖块缝隙应擦入填缝剂

4.1 墙地砖铺装

操作难度 ★★★★★

墙面砖铺装　地面砖铺装　锦砖铺装

在家居装修中，墙地砖铺贴是技术性极强，且非常耗费工时的施工项目。一直以来，墙面砖铺装水平都是衡量装修质量的重要参考，很多业主甚至能自己动手铺贴瓷砖，但是现代装修所用的墙砖体块越来越大，如果不得要领，铺贴起来会很吃力，而且效果也不好。墙面砖与地面砖的性质不同，在铺装过程中应采取不同的施工方法。下面分别介绍墙面砖、地面砖、锦砖的铺装方法。

4.1.1 墙面砖铺装

墙面砖铺装要求粘贴牢固，表面平整，且垂直度标准，具有一定施工难度（图4-2）。

1. 施工方法

（1）清理墙面基层，铲除水泥疙瘩，平整墙角，但是不要破坏防水层。同时，选出用于墙面铺贴的瓷砖浸泡在水中3～5h后取出晾干（图4-3、图4-4）。

（2）配置1:1水泥砂浆或素水泥待用，对铺贴墙面

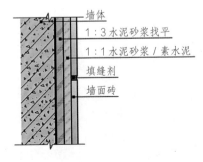

图4-2 墙面砖铺装构造示意

将墙面砖放入水中浸泡要充分，同时这也是检测墙面砖质量的重要方法，优质产品放入水中，气泡很少。

图4-3 墙面砖浸泡

洒水，并放线定位（图4-5），精确测量转角、管线出入口的尺寸并裁切瓷砖。

（3）在瓷砖背部涂抹水泥砂浆或素水泥，从下至上准确粘贴到墙面上，保留的缝隙要根据瓷砖特点来定制。

（4）采用瓷砖专用填缝剂填补缝隙，使用干净抹布将瓷砖表面擦拭干净，养护待干。

2. 施工要点

（1）选砖时应仔细检查墙面砖的几何尺寸、色差、品种，以及每一件的色号，防止混淆色差。铺贴墙面如果是涂料基层，必须洒水后将涂料铲除干净，凿毛后方能施工。

（2）检查基层平整、垂直度，如果

浸泡后的墙面砖应当竖立起来待干，相互交错排列，风干速度较快。

图4-4 墙面砖晾干

采用水平仪在墙面放线定位，再用墨盒弹线。

图4-5 放线定位

高度误差大于20mm，必须先用1∶3水泥砂浆打底校平后方能进行下一工序。

（3）确定墙砖的排版，在同一墙上的横竖排列，不宜有1行以上的非整砖，非整砖行排在次要部位或阴角处，不能安排在醒目的装饰部位。

（4）用于墙砖铺贴的水泥砂浆体积比一般为1∶1，亦可用素水泥铺贴（图4-6）。墙砖粘贴时，缝隙应小于1mm，横竖缝必须完全贯通，缝隙不能交错。墙砖粘贴时平整度1m水平尺检查，误差应小于1mm，用2m长的水平尺检查，平整度应小于2mm，相邻砖之间平整度不能有误差。

（5）墙砖镶贴前必须找准水平及垂直控制线，垫好底尺，挂线镶贴。镶贴后应用同色水泥浆勾缝，墙砖粘贴时必须牢固，不空鼓，无歪斜、缺楞掉角裂缝等缺陷（图4-7）。

（6）在腰线砖镶贴前，要检查尺寸是否与墙砖的尺寸相协调，下腰线砖下口离地应大于800mm，上腰带砖离地1800mm。

水泥砂浆的干湿度要仔细控制，加水量应当以环境气候与砂浆量来确定。

图4-6 调配水泥砂浆

铺装前应当对墙面洒水润湿，墙面弹线后还应标注墙面铺贴厚度，以此放线定位，砖块底层应铺垫木屑校正水平度。

图4-7　上墙铺装

阳角部位应镶嵌成品金属护角线，既美观又耐磨损，还能起到良好的封闭边角的效果。

图4-8　阳角处理

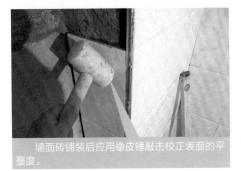

墙面砖铺装后应用橡皮锤敲击校正表面的平整度。

图4-9　敲击固定

铺装的同时，应随时采用水平尺校正墙面砖铺装的平整度。

图4-10　水平尺校正

（7）墙砖贴阴阳角必须用角尺定位，墙砖粘贴如需碰角，碰角要求非常严密，缝隙必须贯通。墙砖的最上层铺贴完毕后，应用水泥砂浆将上部空隙填满，以防在制作扣板吊顶钻孔时破坏墙砖（图4-8）。

（8）墙砖镶贴过程中，要用橡皮锤敲击固定，砖缝之间的砂浆必须饱满，严防空鼓，随时采用水平尺校正表面的平整度（图4-9和图4-10）。

（9）第2次采购墙砖时，必须带上样砖，选择同批次产品。墙砖与洗面台、浴缸等的交接处，应在洗面台、浴缸安装完后再补贴。

（10）墙砖在开关插座暗盒处应该切

电路暗盒的开口应当整齐方正，面积不能过大，以免外罩面板无法遮挡。

图4-11　电路暗盒开口

割严密，当墙砖贴好后上开关面板时，面板不能存在盖不住的现象（图4-11）。墙砖镶贴时，遇到电路暗盒或水管的出水孔在墙砖中间时，墙砖不允许断开，应用电钻严密转孔（图4-12）。应考虑与门洞平整接口，门边框装饰线应完全将缝隙遮掩住，检查门洞垂直度。墙砖

墙面给水管端头应采用圆形钻头在墙面砖上钻孔，应当精确测量开孔的位置。

图4-12 管道端头开口

瓷砖踢脚线也是墙面砖铺贴的重要组成，基层墙面应作凿毛处理才能粘贴牢固，水泥砂浆中应掺加10%的胶粘剂。

图4-13 踢脚线铺装

铺完后1h内必须用专用填缝剂勾缝，保持清洁干净。

（11）墙面砖铺贴是技术性极强的施工项目，在辅助材料备齐、基层处理较好的情况下，1名施工员1天能完成5～8m²。陶瓷墙砖的规格不同、使用的黏结材料不同、基层墙面的管线数量不同等，都会影响到施工工期。所以，实际工期应根据现场情况确定。墙面砖的铺贴施工可以与其他项目平行或交叉作业，但要注意成品保护，尤其是先铺装地面砖后再铺装墙面踢脚线时，要保护好地面不被污染、破坏（图4-13）。

（12）住宅建筑外墙铺贴墙面砖的方法与内墙相似，只是在施工中要作2级放线定位，其中1级为横向放线，在建筑外墙高度间隔1.2～1.5m放1根水平线，可以根据铺贴墙砖的规格或门窗洞口尺寸来确定间距，用于保证墙砖的水平度。2级为纵、横向交错放线，一般是边铺贴边放线，主要参考1级放线的位置，用于确定每块墙砖的铺贴位置。住宅建筑外墙铺贴施工一般从上至下进行，边铺贴边养护。

4.1.2 地面砖铺装

地面砖一般为高密度瓷砖、抛光砖、玻化砖等，铺贴的规格较大，不能有空鼓存在，铺贴厚度也不能过高，避免与地板铺设形成较大落差，因此，地面砖铺贴难度相对较大（图4-14）。

1. 施工方法

（1）清理地面基层，铲除水泥疙瘩，平整墙角，但是不要破坏楼板结构，选出具有色差的砖块（图4-15）。

（2）配置1:2.5水泥砂浆待干，对铺贴墙面洒水，放线定位，精确测量地面转角与开门出入口的尺寸，并对瓷砖作裁切（图4-16）。普通瓷砖与抛光砖仍须浸泡在水中3～5h后取出晾干，将地砖预先铺设并依次标号。

（3）在地面上铺设平整且黏稠度较干的水泥砂浆，依次将地砖铺贴在到地面上，保留缝隙根据瓷砖特点来定制（图4-17～图4-19）。

（4）采用专用填缝剂填补缝隙，使

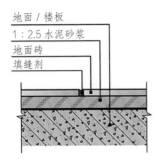

图4-14 地面砖铺装构造示意

大块抛光砖、玻化砖不必浸泡，但是要仔细挑选花色，将无色差或色差小的砖块铺装在可见面，将有色差的砖块铺装在沙发或家具底部。

图4-15 选砖

抛光砖切割器使用方便、快捷，切口整齐、光洁，是现代施工的必备工具。

图4-16 抛光砖裁切

干质砂浆铺装在地面，湿质砂浆铺装在地面砖背后，干湿度应当根据环境气候把握好。

图4-17 干湿砂浆

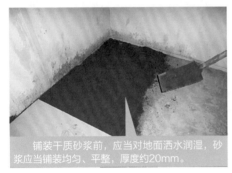

铺装干质砂浆前，应当对地面洒水润湿，砂浆应当铺装均匀、平整，厚度约20mm。

图4-18 铺装干质砂浆

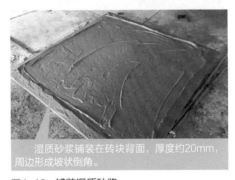

湿质砂浆铺装在砖块背面，厚度约20mm，周边形成坡状倒角。

图4-19 铺装湿质砂浆

用干净抹布将瓷砖表面的水泥擦拭干净，养护待干。

2. 施工要点

（1）施工前应在地面上刷1遍素水泥浆或直接洒水，注意不能积水，防止通过楼板缝渗到楼下。对已经抹光的地面须进行凿毛处理。当地面高差超过20mm时要用1∶2水泥砂浆找平。

（2）地砖铺设前必须全部开箱挑选，选出尺寸误差大的地砖单独处理或是分房间、分区域处理，选出有缺角或损坏的砖重新切割后用来镶边或镶角，有色差的地砖可以分区使用。

（3）地砖铺贴前应经过仔细测量，

再通过计算机绘制铺设方案，统计出具体地砖数量，以排列美观与减少损耗为目的，并且重点检查房间的几何尺寸是否整齐。

（4）铺贴之前要在横竖方向拉十字线，贴的时候横竖缝必须对齐。贯通不能错缝，地砖缝宽1mm，不能大于2mm，施工过程中要随时检查。特别注意地砖是否需要拼花或是按统一方向铺贴，切割地砖一定要准确，预留毛边位后打磨平整、光滑。门套、柜底边等处的交接一定要严密，缝隙要均匀，地砖边与墙交接处缝隙应小于5mm。

（5）配置1:2.5水泥砂浆铺贴，砂浆应是干性，手捏成团稍出浆，黏结层

厚度应大于12mm，灰浆饱满，不能空鼓（图4-20～图4-22）。普通瓷质砖在铺贴前要充分浸水后才能使用。

（6）地砖铺设时，应随铺随清，随时保持清洁干净。地砖铺贴的平整度要用1m以上的水平尺检查，相邻地砖高度误差应小于1mm。地砖铺贴施工时，其他工种不能污染或踩踏，地砖勾缝在24h内进行，随做随清，并做养护与一定的保护措施。地砖空鼓现象控制在1%以内，在主要通道上的空鼓必须返工（图4-23和图4-24）。

（7）地砖可以由多种颜色组合，尤其是釉面颜色不同的地砖可以随机组合铺装。留缝铺装是现在流行的趋势，适用于仿古地砖，它主要强调历史的回归。釉面处理得凹凸不平，直边也做成腐蚀状，铺装时留出必要的缝隙并用彩色水泥填充，使整体效果统一，强调了凝重的历史感。地面采用45°斜铺与垂直铺贴相结合，这会使地面铺装效果显得更丰富，活跃了环境氛围。

（8）地砖铺设后应保持清洁，不能有

铺装大块地面砖时应当两人合作，将砖块平稳摆放在水泥砂浆上。

图4-20　铺装地砖

橡皮锤敲击点主要在两块砖之间的接缝处，保持两砖之间平整过渡。

图4-21　橡皮锤敲击

铺装时应保持放线定位，时刻控制铺装的厚度。

图4-22　放线定位

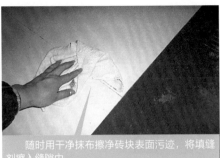

图4-23　擦入填缝剂

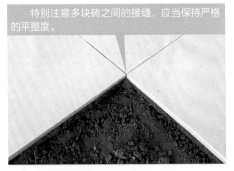

图4-24　边角对齐

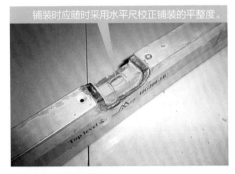

图4-25　水平尺校正

图4-26　仿古砖保留缝隙

铁钉、泥砂、水泥块等硬物，以防划伤地砖表面。乳胶漆、油漆等易污染工序，应在地面铺设珍珠棉加胶合板后方可操作，并随时注意防止污染地砖表面。乳胶漆落地漆点，应在10min内用湿毛巾清洁，防止干硬后不易清洁。铺贴门界石与其周围砖时应加防水剂到水泥砂浆中铺贴。

（9）墙地砖对色要保证2m处观察不明显，平整度须用2m水平尺检查，高差应小于2mm，砖缝控制在2mm以内，时刻保持横平竖直（图4-25和图4-26）。

（10）大多数商品房的阳台、卫生间面积不大，因此，倾向地漏的地面坡度一般为1%为宜。在地漏与排水管部位，应当采用切割机仔细裁切砖块的局部，

使之与管道构造完全吻合，在缝隙处擦入填缝剂（图4-27）。这些细节都能反应施工员的真实技术水平。

4.1.3　锦砖铺装

锦砖又称为马赛克，它具有砖体薄、自重轻等特点，铺贴时要保证每个小瓷片都紧密黏结在砂浆中，不易脱落。锦砖铺装在铺贴施工中施工难度最大（图4-28）。

1. 施工方法

（1）清理墙、地面基层，铲除水泥疙瘩，平整墙角，但是不要破坏防水层。同时，选出用于铺贴的锦砖。

（2）配置素水泥待用，或调配专用胶粘剂，对铺贴墙、地面洒水，并放线

图4-27　预留构造裁切

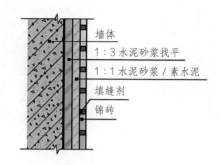

图4-28　锦砖墙面铺装构造示意

图4-29　刮涂胶粘剂

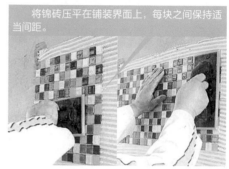

图4-30　铺装锦砖

定位，精确测量转角、管线出入口的尺寸并对锦砖作裁切。

（3）在铺贴界面与锦砖背部分别涂抹素水泥或胶粘剂，依次准确粘贴到墙面上，保留缝隙根据锦砖特点来定制（图4-29和图4-30）。

（4）揭开锦砖的面网，采用锦砖专用填缝剂擦补缝隙，使用干净抹布将锦砖表面的水泥擦拭干净，养护待干（图4-31）。

2．施工要点

（1）施工前要剔平墙面凸出的水泥、混凝土，对于混凝土墙面应凿毛，然后浇水润湿。

（2）铺贴锦砖前应根据计算机绘制

的图纸放出施工大样，根据高度弹出若干条水平线及垂直线，两线之间保持整张数。同一面墙不得有一排以上非整砖，非整砖应安排在隐蔽处。

（3）铺贴时在墙面上抹薄薄1层素水泥或专用胶粘剂，厚度3～5mm，用靠尺刮平，用抹子抹平。同时将锦砖铺在木板上，砖面朝上，往砖缝里灌白水泥素浆，如果是彩色锦砖，则应灌彩色水泥。缝灌完后抹上厚1～2mm的素水泥浆或聚合物水泥浆的黏结灰浆。最后将4边余灰刮掉，对准横竖弹线，逐张往墙上贴。

（4）在铺贴锦砖过程中，必须掌握好时间，其中抹墙面黏结层、抹锦砖黏结灰浆、往墙面上铺贴这3步工序必须紧跟，

图4-31　填缝剂擦入勾缝

将电路暗盒位置保留出来，裁剪相应的锦砖小块，错位部分应填补填缝剂。

图4-32　保留电路暗盒

阳角与阴角部位应对齐接缝，碰角缝隙应与平面缝隙保持一致。

图4-33　阳角与阴角

如果时间掌握不好，等灰浆干结脱水后再贴，就会导致黏结不牢而出现脱粒现象。

（5）锦砖贴完毕后，将拍板紧靠衬网面层，用小锤敲木板，做到满拍、轻拍、拍实、拍平，使其黏结牢固、平整。锦砖铺贴30min后，可用长毛刷蘸清水润湿锦砖面网，待纸面完全湿透后，自上而下将纸揭开。操作时，手执上方面网两角，揭开角度要与墙面平行一致，保持协调，以免带动锦砖砖粒。

（6）揭网后，应认真检查缝隙的大小平直情况，如果缝隙大小不均匀，横竖不平直，必须用钢片刀拨正调直。拨缝必须在水泥初凝前进行，先调横缝，再调竖缝，达到缝宽一致且横平竖直。将电路暗盒部位的锦砖剪掉，保留电路暗盒开口（图4-32）。

（7）擦缝先用木抹板将近似锦砖颜色的填缝剂抹入缝隙，再用刮板将填缝剂往缝隙里刮实、刮满、刮严，最后用抹布将表面擦净。遗留在缝隙里的浮砂，可用潮湿且干净的软毛刷轻轻带出来，如果需要清洗锦砖表面，应待勾缝材料硬化后进行（图4-33）。

（8）面层干燥后，表面涂刷1遍防水剂，避免起碱，有利于美观。地面锦砖铺贴完成后，24h内不能上人行走。

识别选购方法

　　墙地砖的铺装重点在于4个边角与相邻砖块之间要绝对平整，这需要采用橡皮锤仔细调整，砖块之间的缝隙应当紧密一致，这还需要用牙签校正，最后再灌入专用填缝剂，选用厚实且高密度砖材能保证施工质量。

★家装小贴士★

新型锦砖铺装

新型锦砖是指表面没有粘贴保护纸的锦砖，但是背面粘贴着透明网，铺贴方法与普通的墙面砖一致，直接上墙铺贴即可。新型锦砖多与普通墙面砖搭配铺装，在铺装基础上应当预先采用水泥砂浆找平，将铺装界面基层垫厚，再采用胶粘剂或硅酮玻璃胶将锦砖粘贴至界面上，最后将填缝剂擦入锦砖缝隙，待干后将表面清洗干净（图4-34）。新型锦砖铺装后表面不需要揭网或揭纸，其中的小块锦砖就不会随意脱落，提高了施工效率与施工质量。锦砖花色品种很丰富，价格也随之上涨，适用于局部墙面、构造点缀装饰。此外，还可以根据需要选购仿锦砖纹理的墙面砖，其图样纹理与锦砖类似（图4-35）。

在板材上涂抹硅酮玻璃胶，将锦砖粘贴上去，再将填缝剂擦入缝隙。

图4-34 锦砖粘贴

选购仿锦砖纹理的墙面砖，也能起到以假乱真的装饰效果。

图4-35 仿锦砖纹理的墙面砖

墙地砖施工一览●大家来对比● （以下价格包含人工费与辅材，不含主材）

类　别		性　能　特　点	用　途	价　格
	墙面砖铺装	铺装水泥砂浆中的含砂量很少，掺入10%的901建筑胶水，铺装较薄，水泥砂浆较湿	厨房、卫生间、阳台等易磨损墙面或湿区墙面铺装	300mm×600mm 50~60元／m²
	地面砖铺装	调配干、湿两种水泥砂浆，湿水泥砂浆中掺入10%的901建筑胶水，铺装较厚	厨房、卫生间、阳台等易磨损地面或湿区地面铺装	800mm×800mm 70~80元／m²
	锦砖铺装	采用专用胶粘剂铺贴，在干区铺装也可以采用硅酮玻璃胶粘贴	局部墙面装饰	300mm×600mm 80~100元／m²

4.2 石材铺装

操作难度 ★★★★★

天然石材墙面干挂　人造石材墙面粘贴

石材的地面铺装施工方法与墙地砖基本一致，但是石材自重较大，且较厚，因此墙面铺装方法有所不同，局部墙面铺装可以采用石材胶粘剂粘贴，大面积墙面铺装应采取干挂法施工。下面介绍天然石材墙面干挂铺装与人造石材粘贴铺装的施工方法。

4.2.1 天然石材墙面干挂

天然石材质地厚重，在施工中要注意强度要求，墙面干挂施工适用于面积较大的室外墙面装修（图4-36）。

1. 施工方法

（1）根据设计在施工墙面放线定位，通过膨胀螺栓将型钢固定至墙面上，安装成品干挂连接件（图4-37）。

（2）对天然石材进行切割，根据需要在侧面切割出凹槽或钻孔（图4-38）。

（3）采用专用连接件将石材固定至墙面龙骨架上。

（4）调整板面平整度，在边角缝隙处填补密封胶，进行密封处理。

2. 施工要点

（1）在墙上布置钢骨架，水平方向的角形钢必须焊在竖向4号角钢上。按设计要求在墙面上制成控制网，由中心向两边制作，应标注每块板材与挂件的具体位置（图4-39）。

（2）安装膨胀螺栓时，按照放线的位置在墙面上打出膨胀螺栓的孔位，孔深以略大于膨胀螺栓套管的长度为宜，埋设膨胀螺栓并予以紧固。

（3）挂置石材时，应在上层石材底面的切槽与下层石材上端的切槽内涂石材结构胶。注胶时要均匀，胶缝应平整饱满，亦可稍凹于板面，并按石材的出厂颜色调成色浆嵌缝，边嵌边擦干净，以使缝隙密实均匀、干净，颜色一致（图4-40和图4-41）。

（4）清扫拼接缝后即可嵌入聚氨酯胶或填缝剂，仔细微调石材之间的缝隙与表面的平整度（图4-42和图4-43）。

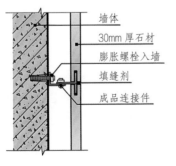

墙体

30mm 厚石材

膨胀螺栓入墙

填缝剂

成品连接件

图4-36 墙面石材干挂构造示意

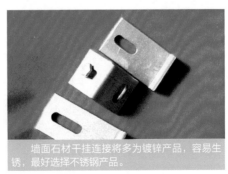

墙面石材干挂连接将多为镀锌产品，容易生锈，最好选择不锈钢产品。

图4-37 墙面石材干挂连接件

采用切割机在石材侧面切割出凹槽，供连接件安装。

图4-38　石材加工

墙面骨架安装时，也会采用焊接构造，焊接后应涂刷防锈漆。

图4-39　干挂构造（一）

干挂连接件周边应涂抹石材专用结构胶，进一步强化安装结构。

图4-40　干挂构造（二）

干挂石材之间应保留均衡的缝隙，暂时用木板或嵌入木屑定型。

图4-41　干挂构造（三）

室外墙面石材铺装的缝隙应当注入聚氨酯胶封闭，起到防水作用。

图4-42　室外铺装

室内墙面石材铺装的缝隙可以保留1～2mm，擦入填缝剂。

图4-43　室内铺装

4.2.2　人造石材墙面粘贴

现代家居装修中多采用聚酯型人造石材，表面光洁，但是厚度一般为10mm，不方便在侧面切割凹槽，此外，人造石材的强度不及天然石材，因此不宜采取干挂的方式施工，应采用石材胶粘剂粘贴（图4-44）。

1. 施工方法。

（1）清理墙面基层，必要时用水泥砂浆找平墙面，并作凿毛处理，根据设计在施工墙面放线定位。

（2）对人造石材进行切割，并对应墙面铺贴部位标号。

施工准备

基础施工

水电施工

第4章 铺装施工 构造施工

涂饰施工

安装施工

维修保养

（3）调配专用石材胶粘剂，将其分别涂抹至人造石材背部与墙面，将石材逐一粘贴至墙面（图4-45）。也可以采用双组分石材干挂胶，以点涂的方式将石材粘贴至墙面（图4-46和图4-47）。

（4）调整板面平整度，在边角缝隙处填补密封胶，进行密封处理。

2. 施工要点

（1）人造石材粘贴施工虽然简单，但是胶粘剂成本较高，一般适用于小面积墙面施工，不适合地面铺装。

（2）施工前，粘贴基层应清扫干净，去除各种水泥疙瘩，采用1∶2水泥砂浆填补凹陷部位，或对墙面作整体找平，墙面不应残留各种污迹，尤其是油漆、纸张、金属、石灰等非水泥砂浆材料。不能将人造石材直接粘贴在干挂天然石材表面或墙面砖铺装表面。

（3）胶粘剂应选用专用产品，一般为双组分胶粘剂，根据使用说明调配。部分产品需要与水泥调和使用，调和后将胶粘剂用粗锯齿抹子抹成沟槽状，均匀刮涂石材背面与粘贴界面上，以增强吸附力，胶粘剂要均匀饱满。部分产品为直接使用，采取点胶的方式涂抹在人造石材背面，点胶的间距应小于200mm，点胶后静置3~5min再将石材粘贴至墙面上。施工完毕后应养护7天以上（图4-48和图4-49）。

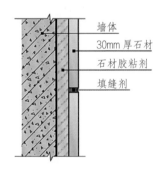

图4-44 墙面石材粘贴构造示意

调和胶粘剂后平刮在墙面，尽量平整均匀，将石材铺装至墙面，敲击平整。

图4-45 石材墙面粘贴

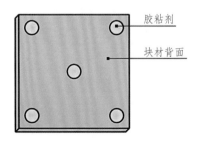

图4-46 块材背后点胶示意

石材干挂胶多为双组分，使用时按包装说明要求混合在一起即能粘贴石材。

图4-47 石材结构胶

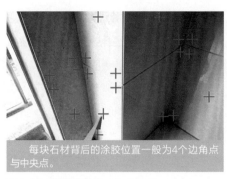

每块石材背后的涂胶位置一般为4个边角点与中央点。

图4-48　铺装完毕（一）

石材阳角接缝应当整齐紧密，内侧作45°倒角，外侧保持直角。

图4-49　铺装完毕（二）

识别选购方法

　　石材地面铺装方法与地砖相当，需要采用橡皮锤仔细敲击平整，但是人造石材强度不高，不适用于地面铺装。天然石材墙面干挂的关键在于预先放线定位与后期微调，应保证整体平整明显接缝。用于淋浴区墙面铺装的石材，应在缝隙处填补硅酮玻璃胶。

石材铺装施工一览●大家来对比●　　　　　　　　（以下价格包含人工费与辅材，不含主材）

类　别		性 能 特 点	用　途	价　格
	干挂铺装	铺装平整，可以任意修补、调整，需保留一定缝隙	高度达6m以上的室外墙面铺装	200～300元／m²
	干贴铺装	铺装平整，铺装层厚度较小，耐候性较弱	高度达6m以下的室内外墙面铺装	150～200元／m²
	点胶铺装	铺装平整，铺装层厚度较小，耐候性较弱，纵向承载力弱	高度达4m以下且转角造型角度的室内墙面铺装	100～150元／m²

4.3 玻璃砖砌筑

操作难度 ★★★★★

空心玻璃砖砌筑　砖缝填补

玻璃砖晶莹透彻，装饰效果独特，在灯光衬托下显得特别精致，是现代家居局部装修的亮点所在，下面介绍空心玻璃砖砌筑与砖缝填补的施工方法。

4.3.1 空心玻璃砖砌筑

空心玻璃砖砌筑施工难度最大，属于较高档次的铺装工程，一般用于卫生间、厨房、门厅、走道等处的隔墙，可以作为封闭隔墙的补充（图4-50）。

1. 施工方法

（1）清理砌筑墙、地面基层，铲除水泥疙瘩，平整墙角，但是不要破坏防水层。在砌筑周边安装预埋件，并根据实际情况采用型钢加固或砖墙砌筑。

（2）选出用于砌筑的玻璃砖（图4-51和图4-52），备好网架钢筋、支架垫块、水泥或专用玻璃胶待用。

（3）在砌筑范围内放线定位，从下向上逐层砌筑玻璃砖，户外施工要边砌筑边设置钢筋网架，使用水泥砂浆或专用玻璃胶填补砖块之间的缝隙（图4-53和图4-54）。

（4）采用玻璃砖专用填缝剂填补缝隙，使用干净抹布将玻璃砖表面的水泥或玻璃胶擦拭干净，养护待干，必要时对缝隙作防水处理。

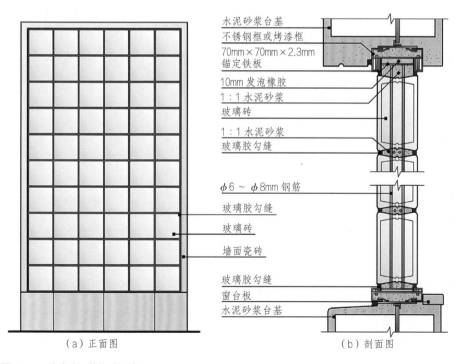

（a）正面图　　　（b）剖面图

水泥砂浆台基
不锈钢框或烤漆框
70mm×70mm×2.3mm锚定铁板
10mm发泡橡胶
1:1水泥砂浆
玻璃砖
1:1水泥砂浆
玻璃胶勾缝
φ6～φ8mm钢筋
玻璃胶勾缝
玻璃砖
墙面瓷砖
玻璃胶勾缝
窗台板
水泥砂浆台基

图4-50 玻璃砖砌筑构造示意

2. 施工要点

（1）玻璃砖墙体施工时，环境温度应高于5℃。一般适宜的施工温度为5~30℃。在温差比较大的地区，玻璃砖墙施工时需预留膨胀缝。用玻璃砖制作浴室隔断时，也要求预留膨胀缝。砌筑大面积外墙或弧形内墙时，也需要考虑墙面的承载强度与膨胀系数。

（2）玻璃砖墙宜以1500mm高为1个施工段，待下部施工段胶接材料达到承载要求后，再进行上部施工，当玻璃砖墙面积过大时，应增加支撑。室外玻璃砖墙的钢筋骨架应与原有建筑结构牢固连接，墙基高度一般应低于150mm，宽度应比玻璃砖厚20mm。玻璃砖隔墙的顶部与两端应该使用金属型材加固，槽口宽度要比砖厚度10~18mm。当隔墙的长度或高度大于1500mm时，砖间应该增设6~8mm钢筋用于加强结构，玻璃砖墙的整体高度应低于4000mm。

（3）玻璃砖隔墙两端与金属型材两翼应留有大于4mm的滑动缝，缝内用泡沫填充，玻璃砖隔墙与金属型材腹面应留有大于10mm的胀缝，以适应热胀冷缩。玻璃砖最上面一层砖应伸入顶部金属型材槽口内10~25mm，以免玻璃砖因受刚性挤压而破碎。玻璃砖之间接缝宜在10~30mm之间。玻璃砖与外框型材，以及型材与建筑物的结合部，都应用弹性泡沫密封胶密封。玻璃砖应排列

玻璃砖堆放高度不能超过5箱，放置挤压破损。

图4-51 玻璃砖堆放

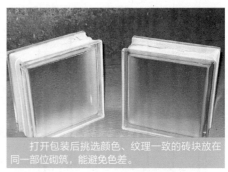

打开包装后挑选颜色、纹理一致的砖块放在同一部位砌筑，能避免色差。

图4-52 选砖

砌筑是应当穿插钢筋，保证砌筑构造稳固坚挺。

图4-53 砌筑

在较窄空间中砌筑玻璃砖，应当将空余墙体部位采用轻质砖或砌块填补，并作抹灰找平。

图4-54 砖砌填补空间

砌筑时，注意将挤出的水泥砂浆刮平整，不要污染玻璃砖表面，砖缝采用成品夹固定，保持缝隙均匀。

图4-55　普通水泥砌筑

使用白水泥砌筑应当将缝隙填补完整，不能存在孔洞。

图4-56　白水泥砌筑

整齐、表面平整，用于嵌缝的密封胶应饱满密实。

（4）玻璃胶黏结玻璃砖后会与空气接触氧化变黄，劣质白水泥容易发霉、生虫，色彩显得灰脏。尤其是卫生间或厨房的玻璃砖隔墙受油烟与潮气影响较大，最好采用优质胶凝材料。成品支架垫块是玻璃砖隔墙施工中重要的辅助材料与工具，它能使整个砌筑施工变得简单易行，能校正玻璃砖尺寸误差，也使缝隙做到横平竖直，更加美观。每砌完一层后要用湿抹布将砖面上的剩余水泥砂浆擦去（图4-55和图4-56）。

4.3.2　砖缝填补

玻璃砖砌筑完成后，应采用白水泥或专用填缝剂对砖体缝隙进行填补，经过填补的砖缝能遮挡内部钢筋与灰色水泥，具有良好的视觉效果。

1. 施工方法

（1）将砌筑好的玻璃砖墙表面擦拭干净，保持砖缝整洁，深度应一致。

（2）将白水泥或专用填缝剂加水适当调和成黏稠状，搅拌均匀，静置20min以上。

（3）采用小平铲将调和好的填补材料刮入玻璃砖缝隙。

（4）待未完全干时，将未经过调和的干粉状白水泥或专用填缝剂撒在缝隙表面，或用干净的抹布将其擦入缝隙。

2. 施工要点

（1）砖缝填补应特别仔细，施工前采用湿抹布将玻璃砖砌筑构造表面擦拭干净，如果表面残留已干燥的水泥砂浆，应采用小平铲仔细刮除，不能破坏玻璃砖。

（2）白水泥是最传统的填补材料，不具备防霉功能，不适合厨房、卫生间

家装妙语	玻璃象征着轻盈通透，并格代表着稳重坚固，两者组合在一起，寓意着家庭生活既坦诚又稳固，是现代家装的流行构造。

等潮湿区域施工。专用填缝剂的质量参差不齐，应当选用优质品牌产品。如果需要在白水泥与填缝剂中调色，应选用专用矿物质色浆，不能使用广告粉颜料。加水调和后的填补材料应充分搅拌均匀，静置20min以上让其充分熟化（图4-57）。

（3）将填补材料刮入玻璃砖缝隙时应严密紧凑，刮入力量适中，小平铲不能破坏玻璃砖表面，刮入填补材料后，应保证缝隙表面与砖体平齐，不能有凸凹感（图4-58）。

（4）在厨房、卫生间等潮湿区域砌筑的玻璃砖隔墙，还需采用白色中性硅酮玻璃胶覆盖缝隙表面，玻璃胶施工应待基层填缝剂完全干燥后再操作，缝隙边缘应粘贴隔离胶带，防止玻璃胶污染玻璃砖表面。

（5）玻璃砖的砖缝填补方法也适用于其他各种铺装砖材的缝隙处理，尤其适用于墙面砖与地面砖之间的接头缝隙，能有效保证地面积水不渗透到墙地砖背面，造成砖体污染或渗水。

识别选购方法 ❗

玻璃砖砌筑质量的关键在于中央的钢筋骨架，在大多数家装施工中，玻璃砖墙体的砌筑面积小于2m²，这也可以不用镶嵌钢筋骨架，但是高度超过1.5m的砌筑构造还是应当采用钢筋作支撑骨架。

图4-57 调配填缝剂

图4-58 砖缝填补完毕

05

构造施工
Foundation Construction

　　构造施工内容最多最复杂，一直以来都由木质构造施工员承担，因此又称为木质施工。现代家居装修中的构造施工门类更丰富，涵盖木质施工、涂饰施工、安装施工、水电施工等多种工艺，构造工艺跨门类、跨工种，要求施工员具备全面的操作技能，本章是全书的重点，值得装修业主与施工员特别关注。

现在家装的主要构造施工为吊顶与电视背景墙，部分装修也需要现场制作门窗套。这些施工项目的构造比较复杂，会应用大量装饰材料，制作工期最长，要求施工员具备良好的耐心与心理素质，才能达到完美效果。

本章
导读

　　构造施工的工作量较大，施工周期最长，但是随着装修技术的发展，不少家装构造都采取预制加工的方式制作，即专业厂商上门测量，绘制图纸，再在生产车间加工，最后运输至施工现场安装。即使如此，仍有很多构造需要在施工现场制作。本章主要讲解吊顶、墙体、家具等构造的制作方法，现今这些构造仍主要在施工现场制作，其施工方法总结了多年来的技术与材料革新，以科学、简洁的形式呈现给读者（图5-1）。

5.1 吊顶构造制作

操作难度 ★★★★★

石膏板吊顶 胶合板吊顶 金属扣板吊顶 塑料扣板吊顶

吊顶构造种类较多，家居装修可以通过不同材料来塑造不同形式的吊顶，营造出多样的装修格调，常见的家装吊顶主要为石膏板吊顶、胶合板吊顶、金属扣板吊顶与塑料扣板吊顶4种，适用于大多数家居装修。

5.1.1 石膏板吊顶

在客厅、餐厅顶面制作的吊顶面积较大，一般采用纸面石膏板制作，因此称为石膏板吊顶，石膏板吊顶用于外观平整的吊顶造型。石膏板吊顶一般由吊杆、骨架、面层等3部分组成。吊杆承受吊顶面层与龙骨架的荷载，并将重量传递给屋顶的承重结构，吊杆大多使用钢筋。骨架承受吊顶面层的荷载，并将荷载通过吊杆传给屋顶承重结构。面层具有装饰室内空间、降低噪声、界面保洁等功能（图5-2）。

构造施工多以木质材料为主，配合金属骨架、石膏板等材料辅助制作，构造复杂，工期较长

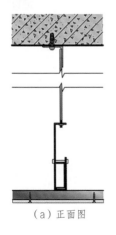

（a）正面图

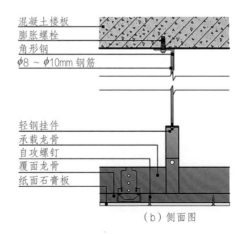

混凝土楼板
膨胀螺栓
角形钢
$\phi 8 \sim \phi 10mm$ 钢筋

轻钢挂件
承载龙骨
自攻螺钉
覆面龙骨
纸面石膏板

（b）侧面图

图5-2 石膏板吊顶构造示意

1. 施工方法

（1）在顶面放线定位，根据设计造型在顶面、墙面钻孔，安装预埋件。

（2）安装吊杆于预埋件上，并在地面或操作台上制作龙骨架。

（3）将龙骨架挂接在吊杆上，调整平整度，对龙骨架作防火、防虫处理。

（4）在龙骨架上钉接纸面石膏板，并对钉头作防锈处理，进行全面检查。

2. 施工要点

（1）顶面与墙面上都应放线定位，分别弹出标高线、造型位置线、吊挂点布局线与灯具安装位置线。在墙的两端固定压线条，用水泥钉与墙面固定牢固。依据设计标高，沿墙面四周弹线，作为顶棚安装的标准线，其水平允许偏差±5mm（图5-3）。

（2）石膏板吊顶可用轻钢龙骨，轻钢龙骨抗弯曲性能好，一般选用U50系列轻钢龙骨，即龙骨的边宽为50mm，能满足大多数客厅、餐厅吊顶的强度要求。如果吊顶跨度超过6m，可以选用U75系列轻钢龙骨，但是任何轻钢龙骨都不能弯曲。

（3）当石膏板吊顶跨度超过4m时，中间部位应当适当凸起，形成特别缓和的拱顶造型。这是利用轻钢龙骨的韧性制作的轻微弧形，中央最高点与周边最低点的高差不超过20mm，这种轻微凸起，从下向上看是很难看出变化的，但是可以缓解日后吊顶受重力影响向下脱坠（图5-4）。

（4）平面与直线形吊顶一般采用自攻螺钉将石膏板固定在轻钢龙骨上（图5-5和图5-6）。在制作弧线吊顶造型时，仍要使用木龙骨。木质龙骨架顶部吊点固定有两种方法，一种是用水泥射钉直接将角钢或扁铁固定在顶部；另一种是在顶部钻孔，用膨胀螺栓或膨胀螺钉固定预制件做吊点，吊点间距应当反复检查，保证吊点牢固、安全。木龙骨安装要求保证没有劈裂、腐蚀、死节等质量缺陷，截面长30～40mm，宽40～50mm，含水率应小于10%（图5-7和图5-8）。

（5）在制作藻井吊顶时，应从下至

制作吊顶龙骨前应作精确放线定位，确定纵横向龙骨与吊杆的确切位置。

图5-3　轻钢龙骨基础（一）

吊杆局部可以根据需要进行调节，保证龙骨底面的平整度。

图5-4　轻钢龙骨基础（二）

石膏板覆面后的接缝应当保留3~5mm，防止材料缩胀变形。

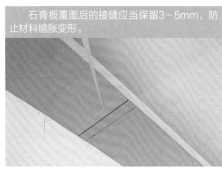

图5-5 石膏板覆面（一）

直线形吊顶构造制作相对简单，但是要仔细校对水平度与垂直度，底面板材应遮挡侧面板材的边缘。

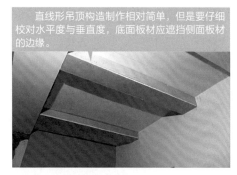

图5-6 石膏板覆面（二）

弧形吊顶的龙骨仍然应采用木龙骨与木芯板制作，具备一定的弯曲能力。

图5-7 木龙骨基础

石膏板的弧形造型能力有限，弯曲幅度不宜过大，应适当保留缩胀缝隙。

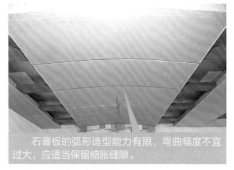

图5-8 石膏板弧形造型

上固定吊顶转角的压条，阴阳角都要用压条连接。注意预留出照明线的出口。吊顶面积过大可以在中间铺设龙骨，当藻井式吊顶的高差大于300mm时，应采用梯层分级处理。龙骨结构必须坚固，大龙骨间距应小500mm。龙骨固定必须牢固，龙骨骨架在顶、墙面都必须有固定件。木龙骨底面应刨光刮平，截面厚度要求一致，并作防火处理。

（6）纸面石膏板用于平整面的吊顶面板，可以配合胶合板用于弧形面的面板，或用于吊顶造型的转角或侧面（图5-9）。面板安装前应对安装完的龙骨与面板板材进行检查，板面应当平整，无凹凸，无断裂，边角整齐（图5-10）。

圆形吊顶也可以全部采用石膏板制作，侧面板材应预先弯压定型后再安装。

图5-9 石膏板弧形造型

石膏板与木质板材可以混合搭配，但是接缝应当紧密。

图5-10 石膏板与胶合板搭配

安装饰面板应与墙面完全吻合，有装饰角线时应保留缝隙，同时还要预留出灯口位置。

（7）制作吊顶构造时，应预留顶面灯具的开口，并将电线牵扯出来做好标记，方便后续安装施工。最后在固定螺钉与射钉的部位涂刷防锈漆，避免生锈后影响外部涂料的装饰效果（图5-11和图5-12）。

防锈漆应当完全覆盖固定石膏板的自攻螺钉或气排钉。

图5-11 填补防锈漆

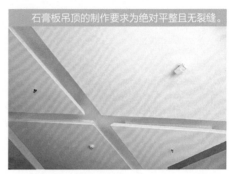

石膏板吊顶的制作要求为绝对平整且无裂缝。

图5-12 吊顶制作完毕

★家装小贴士★

吊顶起伏不平的原因

在吊顶施工前，墙面四周未准确弹出水平线，或未按水平线施工。吊顶中央部位的吊杆未往上调整，不仅未向上起拱，而且还因中央吊杆承受不了吊顶的荷载而下沉。吊杆间距大或龙骨悬挑距离过大，龙骨受力后产生了明显的曲度而引起吊顶起伏不平。

基层制作完毕后，吊杆未仔细调整，局部吊杆受力不匀，甚至未受力，木质龙骨变形，轻钢龙骨弯曲未调整都会导致吊顶起伏不平。接缝部位刮灰较厚造成接缝突出，使吊顶起伏不平。此外，表面石膏板或胶合板受潮后变形也会导致起伏不平。

5.1.2 胶合板吊顶

胶合板吊顶是指采用多层胶合板、木芯板等木质板材制作的吊顶，适用于面积较小且造型复杂的顶面造型，尤其是弧形吊顶造型或自由曲线吊顶造型。由于普通纸面石膏板不便裁切为较小规格，也不便作较大幅度弯曲，因此采用胶合板制作吊顶恰到好处（图5-13）。

1. 施工方法

（1）在顶面放线定位，根据设计造型在顶面、墙面钻孔，安装预埋件。

（2）安装吊杆于预埋件上，并在地面或操作台上制作龙骨架。

（3）将龙骨架挂接在吊杆上，调整平整度，对龙骨架作防火、防虫处理。

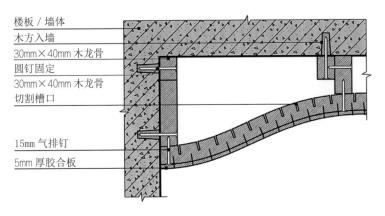

楼板 / 墙体
木方入墙
30mm×40mm 木龙骨
圆钉固定
30mm×40mm 木龙骨
切割槽口
15mm 气排钉
5mm 厚胶合板

图5-13　胶合板吊顶构造示意

（4）在龙骨架上钉接胶合板与木芯板，并对钉头作防锈处理，进行全面检查。

2.　施工要点

（1）胶合板吊顶与上述石膏板吊顶的施工要点基本一致，虽然材料不同，但是胶合板吊顶的施工要求要比石膏板吊顶更加严格。

（2）胶合板吊顶多采用木质龙骨，制作起伏较大的弧形构造应选用两级龙骨，即主龙骨（或称为承载龙骨）与次龙骨（或称为覆面龙骨）。主龙骨一般选用规格为50mm×70mm烘干杉木龙骨，次龙骨一般选用规格为30mm×40mm的烘干杉木龙骨，具有较好的韧性，在龙骨之间还可以穿插使用木芯板，能辅助固定龙骨构造（图5-14和图5-15）。

（3）木龙骨自身的弯曲程度是有限的，要制作成弧形造型，需要对龙骨进行加工，常见的加工方式是在龙骨同一边上切割出凹槽，深度不超过边长的

弯曲弧度较大的部位可以采用木芯板制作底板，侧面钉接3mm厚胶合板。

图5-14　木龙骨弯曲构造（一）

单根木龙骨的弧形变化不宜过大，避免弧线显得不流畅。

图5-15　木龙骨弯曲构造（二）

50%，间距为50～150mm不等，经过裁切后的龙骨即可作更大幅度的弯曲。木芯板与厚度12mm以上的胶合板也可采取这种方式强化弧度，这是纸面石膏

板所不具备的特性。

（4）木龙骨被加工成弧形后还需进一步形成框架，将纵、横两个方向的木龙骨组合在一起，形成龙骨网格，纵向龙骨与横向龙骨之间的衔接应采取开口方的形式，即在纵向龙骨与横向龙骨交接的部位各裁切掉一块木料，深度为龙骨边长的50%，纵向龙骨与横向龙骨相互咬合后即可形成稳固的构造，咬合部位不用钉子固定，可涂抹白乳胶强化黏结。开口方的间距一般为300～400mm，特别复杂的部位可缩短至200mm（图5-16）。

（5）木龙骨制作成吊顶框架后应及时涂刷防火涂料，也可以预先对木龙骨涂刷防火涂料，或直接购买成品防火龙骨（图5-17）。

（6）钉接胶合板时常用气排钉固定，间距为50mm左右，对于弧形幅度较大的部位，应采用马口钉固定，或每两枚气排钉为1组进行固定，也可以间隔150～200mm加固1枚自攻螺钉（图5-18）。钉接完成后应尽快在钉头处涂刷防锈漆。

（7）由于木质构造具有较强的缩胀性，因此要用刨子或锉子等工具将在吊顶造型的转角部位加工平整，并粘贴防裂带，及时涂刷涂料（图5-19）。

图5-16　木龙骨与木芯板构造

图5-17　涂刷防火涂料

图5-18　胶合板覆面

图5-19　吊顶制作完毕

5.1.3 金属扣板吊顶

金属扣板吊顶是指采用铝合金或不锈钢制作的扣板吊顶，铝合金扣板与不锈钢扣板都属于成品材料，由厂家预制加工成成品型材，包括板材与各种配件，在施工中直接安装，施工便捷，部分品牌厂商还承包安装，是现代家居装修的流行趋势。金属扣板吊顶一般用于厨房、卫生间，具有良好的防潮、隔声效果（图5-20）。

1. 施工方法

（1）在顶面放线定位，根据设计造型在顶面、墙面放线定位，确定边龙骨的安装位置。

（2）安装吊杆于预埋件上，并调整吊杆高度。

（3）将金属主龙骨与次龙骨安装在吊杆上，并调整水平。

（4）将金属扣板揭去表层薄膜，扣接在金属龙骨上，调整水平后进行全面检查。

2. 施工要点

（1）根据吊顶的设计标高在四周墙面上放线定位，弹线应清晰，位置应准确，其水平偏差为±5mm。吊顶下表面与室内顶面距离应大于200mm，方便灯具散热与水电管道布设。

（2）确定各龙骨的位置线，因为每块铝合金块板都是已成型饰面板，尽量

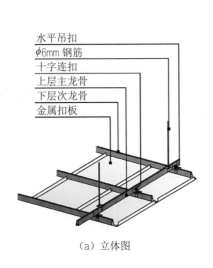

水平吊扣
φ6mm 钢筋
十字连扣
上层主龙骨
下层次龙骨
金属扣板

（a）立体图

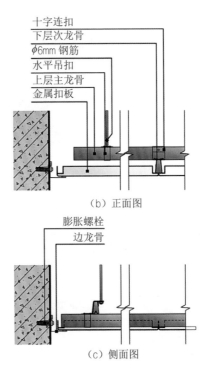

十字连扣
下层次龙骨
φ6mm 钢筋
水平吊扣
上层主龙骨
金属扣板

（b）正面图

膨胀螺栓
边龙骨

（c）侧面图

图5-20　铝合金扣板吊顶构造示意

不再切割分块。为了保证吊顶饰面的完整性与安装可靠性，需要根据金属扣板的规格来定制，如300mm×600mm或300mm×300mm；当然，也可以根据吊顶的面积尺寸来安排吊顶骨架的结构尺寸。

（3）沿标高线固定边龙骨，边龙骨的作用是吊顶边缘部位的封口，边龙骨规格为25mm×25mm，其色泽应与金属扣板相同，边龙骨多用硅酮玻璃胶粘贴在墙上（图5-21~图5-24）。

（4）主龙骨中间部分应起拱，龙骨起拱高度不小于房间面跨度的5‰，保证吊顶龙骨不受重力影响而下坠。

（5）吊杆应垂直并有足够的承载力，当吊杆需接长时，必须搭接牢固，焊缝均匀饱满，并进行防锈处理。吊杆距主龙骨端部应小于300mm，否则应增设吊杆，以免承载龙骨下坠。次龙骨应紧贴承载龙骨安装。

（6）龙骨完成后要全面校正主、次龙骨的位置及水平度。连接件应错位安装，检查安装好的吊顶骨架，应牢固可靠（图5-25和图5-26）。

（7）安装金属扣板时，应把次龙骨调直。金属方块板组合要完整，四围留边时，留边的四周要对称均匀，将安排布置好的龙骨架位置线画在标高线的上端，吊顶平面的水平误差应小于5mm。边角扣板应当根据尺寸仔细裁切（图

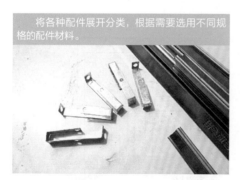

图5-21　龙骨与挂件

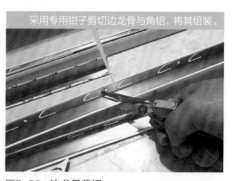

图5-22　边龙骨裁切

图5-23　背面涂玻璃胶

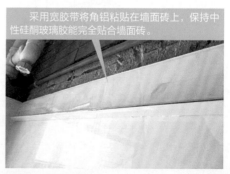

图5-24　上墙粘贴

5-27和图5-28）。

（8）每安装一块扣板前应当揭开表层覆膜。安装金属扣板应当从边缘开始安装，逐渐向中央展开，先安装边角部位经过裁切的板材，随时调整次龙骨的间距（图5-29和图5-30）。

（9）安装至中央部位，应当将灯具、设备开口预留出来，对于特殊规格的灯具、设备应当根据具体尺寸扩大开口或缩小开口。安装完毕后逐个检查接缝的平整度，仔细调整局部缝隙，避免出现明显错缝（图5-31和图5-32）。

图5-25　安装主龙骨

图5-26　安装次龙骨

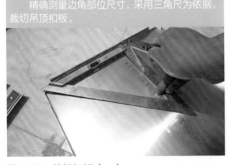

图5-27　裁切扣板（一）

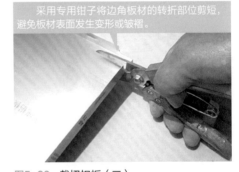

图5-28　裁切扣板（二）

图5-29　揭膜

图5-30　扣板安装（一）

整体安装应当从周边向中央铺装，注意调整龙骨的平整度。

图5-31　扣板安装（二）

预留顶面灯具、设备的开口位置，将电线穿引至此。

图5-32　扣板安装完毕

5.1.4　塑料扣板吊顶

　　塑料扣板吊顶是指采用PVC（聚氯乙烯）材料制作的扣板吊顶，塑料扣板一般设计为条形构造，板材之间有凹槽，安装时相互咬合，接缝紧密整齐。目前比较流行的塑料扣板产品是经过加厚的PVC材料，又称为塑钢扣板，安装方式与传统的塑料扣板相同。塑料扣板吊顶一般用于厨房、卫生间，也可以用于储藏间、更衣间，具有良好的防潮、隔声效果（图5-33）。

1. 施工方法

　　（1）在顶面放线定位，根据设计造型在顶面、墙面钻孔，并放置预埋件。

　　（2）安装木龙骨吊杆于预埋件上，并调整吊杆高度。

　　（3）制作木龙骨框架，将其钉接安装在吊杆上，并调整水平。

　　（4）采用泡钉将塑料扣板固定在木龙骨上，逐块插接固定，安装装饰角线，并全面检查。

2. 施工要点

　　（1）塑料扣板吊顶的基层龙骨安装

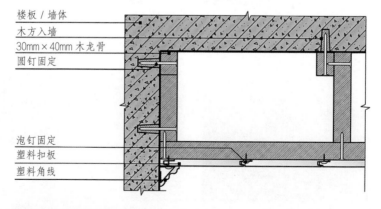

楼板／墙体
木方入墙
30mm×40mm 木龙骨
圆钉固定

泡钉固定
塑料扣板
塑料角线

图5-33　塑料扣板吊顶构造示意

与上述金属扣板基本一致，虽然龙骨的材料不同，但是木龙骨的平直度有更高要求，误差应小于5mm，使用木龙骨是为了后期采用泡钉固定扣板。

（2）木龙骨规格为30mm×40mm烘干杉木龙骨，两种龙骨之间采用钉子钉接，并加涂白乳胶辅助固定。

（3）木龙骨框架中的井格间距一般为300~400mm，一般根据吊顶空间等分。木龙骨框架中纵、横向龙骨采用开口方构造连接，与上述胶合板吊顶构造一致，但是不能作弯曲造型。边龙骨一般安装在基础墙面上，紧贴墙面砖安装扣板角线，角线固定在边龙骨上（图5-34和图5-35）。

（4）塑料扣板多为长条形产品，长度规格为3m或6m，安装时应充分考虑吊顶空间的长度与宽度之间的关系，裁切时要尽量减少浪费，但是不宜在长度上拼接，避免形成接缝。裁切塑料扣板应采用手工钢锯切割，不能采用切割机裁切，以免发生劈裂。

（5）安装扣板时，一般应从房间内侧向外侧安装，或从无排水管的部位向有排水管的部位安装，方便日后拆除检修。泡钉固定间距为200mm左右，板材插接应当紧密但不能拥挤，以免日后产生缩胀而导致起拱。

（6）在塑料扣板吊顶上安装浴霸或其他照明灯具与设备时，应预先在灯具

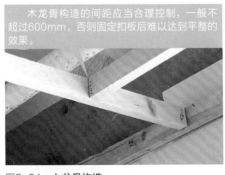

木龙骨构造的间距应当合理控制，一般不超过600mm，否则固定扣板后难以达到平整的效果。

图5-34　木龙骨构造

边龙骨应当固定在基础墙面上，将角线固定在外层龙骨上。

图5-35　边龙骨与角线安装

101

与设备周边制作木龙骨或木芯板框架，预留必要的安装空间（图5-36）。

（7）配套装饰角线采用泡钉固定在龙骨边框上，与周边墙面保持紧密接触。铺装完毕后仔细检查边角缝隙，调整扣板的平整度（图5-37）。

预留设备开孔应当严格参考设备尺寸裁切龙骨与板材，同时预留电线。

图5-36　预留设备开孔

在不规则的吊顶空间内应当根据结构特征裁切板材，封闭侧面垂直空间，并安装装饰线条。

图5-37　扣板铺装完毕

识别选购方法

　　无论采用哪种材料制作吊顶，最基本的施工要求是表面应光洁平整，不能产生裂缝。当房间跨度超过4m时，一定要在吊顶中央部位起拱，但是中央与周边的高差不超过20mm。特别注意吊顶材料与周边墙面的接缝，除了纸面石膏板吊顶外，其他材料均应设置装饰角线掩盖修饰。

吊顶构造施工一览●大家来对比●　　　　　（以下价格包含人工费、辅材与主材）

品　种		性能特点	用　途	价　格
	石膏板吊顶	平整度高，弯曲幅度有限，施工快捷方便	客厅、餐厅等大面积吊顶	120～150元/m²
	胶合板吊顶	平整度一般，能弯曲造型，表面色彩纹理丰富，施工较复杂	局部装饰造型吊顶	150～200元/m²

品 种	性能特点	用 途	价 格
金属扣板吊顶	平整度高，整体效果好，花色品种丰富，施工快捷	厨房、卫生间吊顶	100~300元/m²
塑料扣板吊顶	平整度高，整体效果一般，花色品种较多，施工快捷	厨房、卫生间吊顶	100~300元/m²

5.2 墙体构造制作

操作难度 ★★★★★

石膏板隔墙 玻璃隔墙 装饰背景墙造型 木质墙面造型 软包墙面造型

砌筑隔墙比较厚重，适用于需要防潮与承重的部位，如今在家居装修中使用更多的是非砌筑隔墙，主要包括石膏板隔墙与玻璃隔墙。此外，还需根据不同设计审美的要求，在墙面上制作各种装饰造型，如装饰背景墙造型、木质墙面造型、软包墙面造型等，这些都是家居装修的亮点所在。

5.2.1 石膏板隔墙

在家居装修中，需要进行不同功能的空间分隔时，最常采用的就是石膏板隔墙了，而砖砌隔墙较厚重，成本高，工期长，除了特殊需要外，现在已经很少采用了。大面积平整纸面石膏板隔墙采用轻钢龙骨作基层骨架（图5-38），

小面积弧形隔墙可以采用木龙骨与胶合板饰面。

1. 施工方法

（1）清理基层地面、顶面与周边墙面，分别放线定位，根据设计造型在顶面、地面、墙面钻孔，放置预埋件。

（2）沿着地面、顶面与周边墙面制作边框墙筋，并调整到位。

（3）分别安装竖向龙骨与横向龙骨，并调整到位。

（4）将石膏板竖向钉接在龙骨上，对钉头作防锈处理，封闭板材之间的接缝，并全面检查。

2. 施工要点

（1）隔墙的位置放线应按设计要求，沿地、墙、顶弹出隔墙的中心线及宽度线，宽度线应与隔墙厚度一致，位置应准确无误。

（2）安装轻钢龙骨时，应按弹线位置固定沿地、沿顶龙骨及边框龙骨，龙

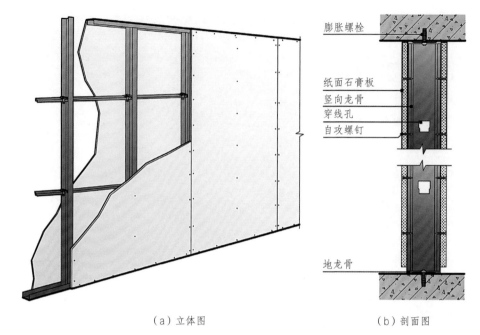

（a）立体图　　　　　　　　　（b）剖面图

图5-38　纸面石膏板隔墙构造示意

骨的边线应与弹线重合。龙骨的端部应安装牢固，龙骨与基层的固定点间距应小于600mm。安装沿地、沿顶轻钢龙骨时，应保证隔断墙与墙体连接牢固（图5-39和图5-40）。

（3）安装竖向龙骨应随时校对垂直，潮湿的房间与钢丝网抹灰墙，龙骨间距应小于400mm。安装支撑龙骨时，应先将支撑卡口件安装在竖向龙骨的开口方向，卡口间距400~600mm为宜，距龙骨两端的距离宜为20~25mm。安装贯通龙骨时，高度大于3m的隔墙安装1道，3~5m高的隔墙安装2道。饰面板接缝处如果不在龙骨上时，应加设龙骨固定饰面板。在门窗或特殊节点处安装附加龙骨时应符合设计要求（图5-41和

图5-39　轻钢龙骨

图5-40　轻钢龙骨边框

图5-42）。

（4）安装木龙骨时，木龙骨的横截面面积及纵、横间距应符合设计要求。骨架横、竖龙骨宜规格为50mm×70mm，采用开口方结构，涂抹白乳胶，加钉固定（图5-43）。

（5）安装饰面板前，应对龙骨进行防火处理。骨架隔墙在安装饰面板前应检查骨架的牢固程度、墙内设备管线及

填充材料的安装是否符合设计要求。如有隔声要求，可以在龙骨间填充各种隔声材料（图5-44和图5-45）。

（6）安装纸面石膏板宜竖向铺设，长边接缝应安装在竖龙骨上（图5-46）。龙骨两侧的石膏板及龙骨一侧的双层板的接缝应错开安装，不能在同一根龙骨上接缝。轻钢龙骨应用自攻螺钉固定，木龙骨应用普通螺钉固定，沿石膏板周

转角部位应采用规格较大的龙骨，或采用型钢作支撑。

图5-41　轻钢龙骨基础

横向贯通龙骨主要用于保持竖向龙骨平行，同时还用于传线管。

图5-42　安装石膏板

木龙骨之间应当采用不同规格木质板材与龙骨交替支撑，甚至用板材作局部覆面支撑。

图5-43　木龙骨隔墙

衣柜背后增设木龙骨主要用于制作隔声层。

图5-44　衣柜背后木龙骨

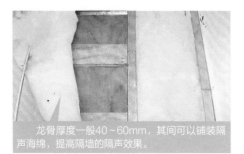

龙骨厚度一般40~60mm，其间可以铺装隔声海绵，提高隔墙的隔声效果。

图5-45　铺装隔声材料

木龙骨上的石膏板可以采用气排钉固定，保留2~3mm缩胀缝。

图5-46　木龙骨上安装石膏板

边钉接间距应小于200mm，钉与钉的间距应小于300mm，螺钉与板边距离应为10～15mm。安装石膏板时应从板材的中部向板的四周固定。钉头略埋入板内，但不得损坏纸面，钉头应进行防锈处理。石膏板与周围墙或柱应留有宽度为3mm的槽口，以便进行防开裂处理（图5-47～图5-50）。

（7）安装胶合板饰面前应对板材的背面进行防火处理。胶合板与轻钢龙骨的固定应采用自攻螺钉，与木龙骨的固定采用气排钉或马口钉，钉距宜为

★家装小贴士★

木龙骨石膏板隔墙开裂的原因

木龙骨石膏板隔墙开裂主要是由于木龙骨含水率不均衡，完工后易变形，造成石膏板受到挤压以致开裂。同时，石膏板之间接缝过大，封条不严实也会造成开裂。

石膏板不宜与木质板材在墙面上发生接壤，因为两者的物理性质不同，易发生开裂。墙面刮灰所用的腻子质量不高，致使石膏板受潮不均开裂。此外，建筑自身的混凝土墙体结构质量不高，时常发生物理性质变化，如膨胀或收缩，这些都会造成木龙骨石膏板隔墙开裂。

图5-47　家具背面石膏板封闭隔墙

图5-48　轻钢龙骨安装石膏板

图5-49　石膏板隔墙完毕

图5-50　涂刷防锈漆

80~100mm。

（8）隔墙的阳角处应做护角，护角材料为木质线条、PVC线条、金属线条均可。木质线条的固定点间距应小于200mm，PVC线条与金属线条可以采用硅酮玻璃胶或强力万能胶粘贴。

5.2.2 玻璃隔墙

玻璃隔墙用于分隔隐私性不太明显的房间，如厨房与餐厅之间的隔墙、书房与走道之间的隔墙、主卧与卫生间之间的隔墙、卫生间内淋浴区与非淋浴区之间的隔墙等（图5-51）。

1. 施工方法

（1）清理基层地面、顶面与周边墙面，分别放线定位，根据设计造型在顶面、地面、墙面上钻孔，放置预埋件。

（2）沿着地面、顶面与周边墙面制作边框墙筋，并调整边框墙筋的尺寸、位置、形状。

（3）在边框墙筋上安装基架，并调整到位，在安装基架上测定出玻璃安装位置线及靠位线条。

（4）将玻璃安装到位，钉接压条，全面检查固定。

2. 施工要点

（1）基层地面、顶面与周边墙面放线应清晰、准确。隔墙基层应平整牢固，框架安装应符合设计与产品组合的要求（图5-52和图5-53）。

（2）安装玻璃前应对骨架、边框的牢固程度进行检查，如不牢固应进行加

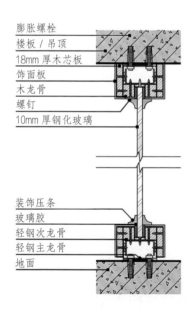

膨胀螺栓
楼板／吊顶
18mm 厚木芯板
饰面板
木龙骨
螺钉
10mm 厚钢化玻璃

装饰压条
玻璃胶
轻钢次龙骨
轻钢主龙骨
地面

图5-51 玻璃隔墙构造示意

顶面放线后可以直接设置预埋件，位置应当准确。

图5-52 放线定位

地面放线后可以钉接木龙骨，当作地面龙骨的基础。

图5-53 制作边框龙骨

固。玻璃分隔墙的边缘不能与硬质材料直接接触，玻璃边缘与槽底空隙应大于5mm。

（3）玻璃可以嵌入墙体，并保证地面与顶部的槽口深度：当玻璃厚度为6mm时，深度为8mm；当玻璃厚度为8～12mm时，深度为10mm。

（4）玻璃与槽口的前后空隙距离：当玻璃厚为5～6mm时，空隙为2.5mm；当玻璃厚8～12mm时，空隙为3mm。这些缝隙用弹性密封胶或橡胶条填嵌，压条应与边框紧贴，不能存在弯折、凸鼓（图5-54和图5-55）。

（5）玻璃隔墙必须全部使用钢化玻璃与夹层玻璃等安全玻璃。钢化玻璃厚度应大于6mm，夹层玻璃厚度应大于8mm，对于无框玻璃隔墙，应使用厚度大于10mm的钢化玻璃。

（6）玻璃固定的方法并不多，一般可以在玻璃上钻孔，用镀铬螺钉、铜螺钉将玻璃固定在木骨架与衬板上，也可以用硬木、塑料、金属等材料的压条压住玻璃。如果玻璃厚度不大，也可以用

玻璃胶将玻璃粘在衬板上固定。

（7）玻璃插入凹槽固定后，应采用木质线条或石膏板将槽口边缘封闭。有防水与防风要求的玻璃隔墙应在槽口边缘加注硅酮玻璃胶，一般应选用中性透明玻璃胶（图5-56和图5-57）。

（8）如果对玻璃隔墙的边框没有特殊要求，玻璃隔墙的长边在2m以内，也可以订购成品铝合金框架固定玻璃窗，将玻璃窗框架直接镶嵌至预制的石膏板隔墙中即可，采用石膏板或木芯板制作框架支撑铝合金边框即可，这种施工方式最简单实用。

5.2.3　装饰背景墙造型

装饰背景墙造型是现代家装突出亮点的核心构造。只要经济条件允许，背景墙可以无处不在，如门厅背景墙、客厅背景墙、餐厅背景墙、走道背景墙、床头背景墙等。背景墙造型的制作工艺要求精致，配置的材料更要丰富，施工难度较大，它能反映出整个家居的装修风格与业主的文化品位（图5-58）。

图5-54　石材边框

图5-55　无边框

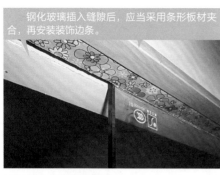

钢化玻璃插入缝隙后，应当采用条形板材夹合，再安装装饰边条。

图5-56 玻璃安装局部

玻璃安装完毕后，应当将两块玻璃之间的缝隙处加注透明硅酮玻璃胶。

图5-57 玻璃隔墙制作完毕

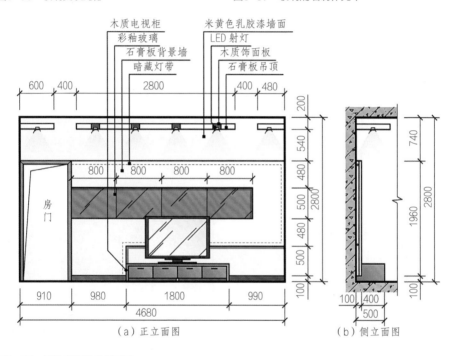

（a）正立面图　　　　（b）侧立面图

图5-58 装饰背景墙构造示意

1. 施工方法

（1）清理基层墙面、顶面，分别放线定位，根据设计造型在墙面、顶面钻孔，放置预埋件。

（2）根据设计要求沿着墙面、顶面制作木龙骨，作防火处理，并调整龙骨尺寸、位置、形状。

（3）在木龙骨上钉接各种罩面板，同时安装其他装饰材料、灯具与构造。

（4）全面检查固定，封闭各种接缝，对钉头作防锈处理。

2. 施工要点

（1）装饰背景墙的制作材料很多，要根据设计要求谨慎选用，先安装廉价且坚固的型材，后安装昂贵且易破损的型材。例如，先安装木龙骨，钉接石膏板、胶合板、木芯板、薄木饰面板，后安装灯具、玻璃、成品装饰板、壁纸等材料。

（2）装饰背景墙要求特别精致，墙面造型丰富，但是在装饰构造上不要承载重物，壁挂电视、音响、空调、电视柜等设备应安装在基层墙面上。如果背景墙造型过厚，必须焊接型钢延伸出来再安装过重的设备。

（3）如果要在背景墙上挂壁液晶电视，墙面就要保留合适位置用于安装预埋挂件及足够的插座，可以暗埋1根$\phi50\sim\phi70$mm的PVC管，所有的电线通过该管穿到下方电视柜，如电视线、电话线、网线等（图5-59）。

（4）背景墙局部造型应当精致、细腻，各种转角应保持90°，细节造型应当在木工操作台上制作完毕后再固定至背景墙上。条状造型运用最多，应采用成品木质线条制作，块状造型应采用木芯板或纤维板加工（图5-60～图5-62）。弧形构造应采用曲线锯切割后，用0号砂纸仔细打磨切割面。

（5）如需在背景墙上制作悬挑电视柜或具有承重要求的隔板，应考虑制作型钢骨架，基层墙体厚度应大于180mm。在基层墙体上采用膨胀螺栓固定4～6号方钢，悬挑凸出尺寸应小于600mm，这类悬挑构造的承载重量为100kg以下，能满足常规承载要求。

在墙体中埋设PVC管能将各种带插头的电线穿入，不在背景墙外部裸露。

图5-59　电视背景墙线管布置

背景墙基础框框多采用木龙骨、木芯板等材料制作，各种造型都能塑造。

图5-60　基础框架

安装在背景墙上的电源暗盒应当位于电视机背后，能被电视机遮挡。

图5-61　电源暗盒局部构造

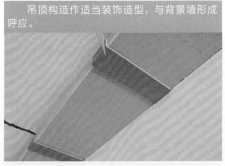
吊顶构造作适当装饰造型，与背景墙形成呼应。

图5-62　吊顶构造

（6）装饰背景墙造型整体厚度不宜超过200mm，控制在150mm以内最佳，背后需要安装暗藏灯管或灯带，应保留空隙厚度为80mm。背景墙在施工时，应将地砖的铺装厚度、踢脚线的高度考虑进去，地砖的铺装厚度一般为40mm，踢脚线的高度为100~120mm，如果没有设计踢脚线，墙面的木质装饰板、纸面石膏板应该在地砖施工后再安装，以防受潮（图5-63和图5-64）。

（7）装饰玻璃可以镶嵌在装饰背景墙构造中，但是玻璃不具备承重能力，因此面积不宜过大。如果将装饰玻璃安装在背景墙表面，可以采用不锈钢广告

钉固定，背景墙基层不能为板材空心构造，否则玻璃安装后容易脱落。也可以换用有机玻璃板替代常规玻璃，减轻背景墙负重，或搭配壁纸点缀装饰（图5-65和图5-66）。

5.2.4　木质墙面造型

木质墙面造型是指在墙体表面铺装木质板材，对原有砖砌墙体或混凝土墙体进行装饰。木质材料质地具有亲和力，色彩纹理丰富，具有隔声、保温效果，其中的夹层还能增加隔声材料或布置管线，具有装饰、使用两种功效（图5-67）。

1. 施工方法

（1）清理基层墙面、顶面，分别放

图5-63　背景墙基础构造

图5-64　踢脚线与涂料施工完毕

图5-65　壁纸铺装

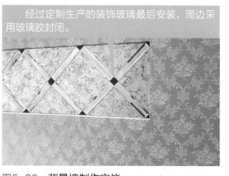

图5-66　背景墙制作完毕

线定位，根据设计造型在墙面、顶面钻孔，放置预埋件。

（2）根据设计要求沿着墙面、顶面制作木龙骨，作防火处理，并调整龙骨尺寸、位置、形状。

（3）在木龙骨上钉接各种罩面板，同时安装其他装饰材料、灯具与构造。

（4）全面检查固定，封闭各种接缝，对钉头作防锈处理。

2. 施工要点

（1）木质墙面造型的施工要点与装饰背景墙基本一致，但是运用材料相对单一，因此对施工的精度要求更高。在易潮湿的部位，如与卫生间共用的隔墙

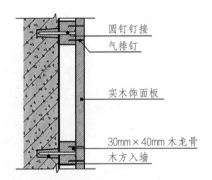

图5-67　门套构造示意

或建筑外墙，应预先在墙面上涂刷防水涂料，或覆盖一层PVC防潮毡。

（2）木质墙面基层应选用木龙骨制作骨架，整面墙施工应选用50mm×70mm烘干杉木龙骨，局部墙面施工可选用30mm×40mm烘干杉木龙骨。将木龙骨制作成开口方构造框架，开口方部位涂抹白乳胶，加钉子钉接固定，纵、横向龙骨间距为300～400mm。弧形龙骨的制作方法与弧形胶合板吊顶龙骨一致（图5-68和图5-69）。

（3）如果木质墙面不安装其他重物，可以直接采用钢钉将木龙骨固定在墙面上，固定点不宜在开口方部位，间距为400～600mm。如果木质墙面需要安装大型灯具、设备等重物，应根据实际情况选用更大规格木龙骨，并采用膨胀螺钉或膨胀螺栓固定木龙骨（图5-70）。

（4）采用木龙骨制作的基层厚度与木龙骨的边长相当，需要加大骨架厚度可以钉接双层木龙骨，或采用木芯板辅助支撑木龙骨，但是基层骨架的厚度不宜超过150mm。

图5-68　板材与墙体缝隙

图5-69　板材与龙骨支撑构造（一）

（5）基层龙骨制作完毕后应涂刷防火涂料，根据设计要求，可以在龙骨井格之间填充隔声材料，隔声材料的厚度不宜超过基层龙骨厚度。

（6）龙骨制作完毕后，可以在龙骨表面钉接各种木质面板，如实木扣板、木芯板、胶合板、纤维板等，木质面板的厚度应大于5mm。对于厚度小于5mm的薄木贴面板、免漆板、防火板、铝塑板，应预先钉接木芯板，再在木芯板上钉接或粘贴各种板材。钉接各种木质面板一般采用气排钉或马口钉，固定间距为50～100mm。

（7）任何木质板材都具有缩胀性，应考虑在表面间隔600～800mm预留缩胀缝隙，缝隙宽度为3mm左右，其中填补中性玻璃胶，设计木质墙面造型时应考虑缩胀缝的位置与数量（图5-71和图5-72）。

5.2.5　软包墙面造型

软包墙面一般用于对隔声要求较高的卧室、书房、活动室与视听间，采用海绵、隔声棉等弹性材料为基层，外表覆盖装饰面料，将其预先制作成体块后再统一安装至墙面上，是一种高档墙面装修手法（图5-73）。

图5-70　板材与龙骨支撑构造（二）

图5-71　饰面板安装（一）

图5-72　饰面板安装（二）

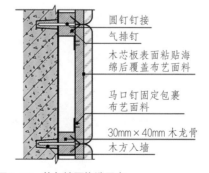

图5-73　软包墙面构造示意

1．施工方法

（1）清理基层墙面，放线定位，根据设计造型在墙面钻孔，放置预埋件。

（2）根据实际施工环境对墙面作防潮处理，制作木龙骨安装到墙面上，作防火处理，并调整龙骨尺寸、位置、形状。

（3）制作软包单元，填充弹性隔声材料。

（4）将软包单元固定在墙面龙骨上，封闭各种接缝，全面检查。

2．施工要点

（1）软包墙面造型的基层龙骨制作工艺与上述木质墙面造型一致，龙骨基层空间也可以根据需要填充隔声材料。

（2）软包墙面所用填充材料，包括纺织面料、木龙骨、木基层板等均应进行防火、防潮处理。木龙骨采用开口方工艺预制，可整体或分片安装，与紧密墙体连接。

（3）软包单元的填充材料制作尺寸应正确，棱角应方正，与木基层板黏结紧密，织物面料裁剪时应经纬顺直。软包单元体块边长不宜大于600mm，基层

开采用9mm厚胶合板或15mm木芯板制作，在板材上粘贴海绵或隔声棉等填充材料，再用布艺或皮革面料包裹，在板块背面固定马口钉。软包单元要求包裹严密，无缝隙，不能将面料过度拉扯而发生纹理变形或破裂（图5-74）。

（4）安装软包单元应紧贴龙骨钉接，采用气排钉从单元板块侧面钉入至龙骨上，接缝应严密，花纹应吻合，无波纹起伏、翘边、褶皱现象，表面须清洁。软包面料与压线条、踢脚线、开关插座暗盒等交接处应严密、顺直、无毛边，电器盒盖等开洞处，套割尺寸应当准确。安装完毕后仔细调整缝隙，保持整齐一致（图5-75和图5-76）。

图5-74　软包模块

图5-75　墙面装饰构造

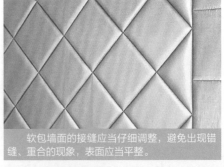

图5-76　软包制作完毕

识别选购方法

　　墙体构造制作的关键在于精确的放线定位，由于墙体尺寸存在误差，并不是标准的矩形，因此要充分考虑板材覆盖后的完整性。局部细节应制作精细，各种细节的误差应小于2mm，制作完成后应进行必要的打磨或刨切，为后续涂饰施工做好准备。特别注意墙面预留的电路管线，应及时将线路从覆盖材料中抽出，以免后期安装时发生遗漏。

墙体构造施工一览●大家来对比●　　　　（以下价格包含人工费、辅材与主材）

品　种		性　能　特　点	用　途	价　格
	石膏板隔墙	表面平整，硬度较高，安装简单方便，成本较低	室内隔墙、家具背面封闭、装饰背景墙制作	100～150元／m²
	玻璃隔墙	表面平整，通透性好，较单薄，安装快捷，成本较低	厨房、卫生间、书房等要求采光的空间隔墙	150～200元／m²
	装饰背景墙造型	材料配置多样，制作复杂，装饰效果较好，价格高	门厅、客厅、餐厅等空间主题装饰墙	1500～5000元／项
	木质墙面造型	制作工艺较简单，表面纹理丰富，板面平整	局部墙面装饰，墙裙制作	150～200元／m²
	软包墙面造型	表面有起伏造型，具有弹性，隔声、保温效果好，色彩纹理丰富	电视背景墙、床头背景墙、书房墙面	250～300元／m²

5.3 家具构造制作

操作难度 ★★★★★

柜体 门板 抽屉 玻璃与五金件

家具是构造施工的主体，现代商品房住宅室内面积不大，为了最大化利用室内空间，家具往往在施工现场根据测量尺寸订制。很多业主认为现场制作的家具不如购买的家具好，这仅仅是指家具的饰面油漆与封边工艺，同等价格，现场制作的家具构造和环保性会更好，内部实用空间更宽大。下面就以衣柜为代表介绍家具的制作方法（图5-77）。

5.3.1 柜体

柜体甚至木质家具的基础框架，常见的木质柜件包括鞋柜、电视柜、装饰酒柜、书柜、衣柜、储藏柜与各类木质隔板，木质柜件制作在木构工程中占据相当比重。现场制作的柜体能与房型结构紧密相连，可以选用更牢固的板材。

1. 施工方法

（1）清理制作大衣柜的墙面、地面、顶面基层，放线定位。

（2）根据设计造型在墙面、顶面上钻孔，放置预埋件（图5-78）。

（3）对板材涂刷封闭底漆，根据设计要求制作柜体框架，调整柜体框架的尺寸、位置、形状。

（4）将柜体框架安装到位，钉接饰面板与木线条收边，对钉头作防锈处理，将接缝封闭平整。

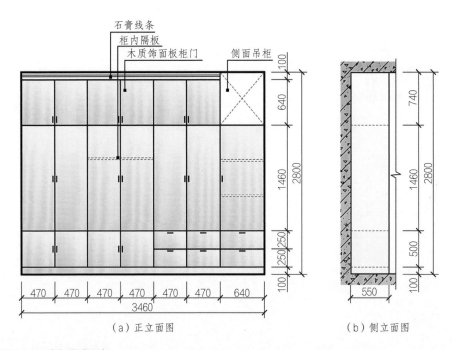

（a）正立面图　　　　　（b）侧立面图

图5-77　衣柜构造示意

放线后应当在线的内侧边缘钉接木龙骨，用于固定柜体顶部。

图5-78　放线定位

切割免漆板时应精确测量，切割速度均匀，确保板材边缘无开叉。

图5-79　裁切板材

2. 施工要点

（1）用于制作衣柜的指接板、木芯板、胶合板必须为高档环保材料，无裂痕、蛀腐，且用料合理（图5-79）。

（2）制作框架前，板材表面内面必须涂刷封闭底漆，靠墙的一面须涂刷防潮漆。柜体深度应小于700mm，单件衣柜的宽度应小于1600mm，裁切板材应当精确测量，过宽的衣柜应分段制作再拼接，板材接口与连接处必须牢固（图5-79）。

（3）大衣柜中各种板材的钉接可采用气排钉固定，气排钉应每两枚为一组，每组间距为50mm，以竖向板材通直为主，横向板材不宜打断竖向板材，纵、横向板材衔接的端头可采用螺钉加强固定（图5-80和图5-81）。

（4）隔墙衣柜的背面应采用木芯板或指接板封闭，应在顶面、墙面与地面预先钻孔，以便采用膨胀螺钉固定，钻孔间距为600~800mm左右。靠墙衣柜的背面可用9mm厚胶合板封闭，无需在墙面上预先钻孔，待安装时采用

靠墙体的一侧采用圆钉固定，钉头面向墙壁。

图5-80　圆钉固定

居中或靠外的一侧采用螺钉固定，采用电钻紧固螺钉。

图5-81　螺钉固定

钢钉固定至墙面即可，钢钉固定间距为600~800mm左右。组装好的衣柜应当对边角进行刨切，仔细检查背后的平整度（图5-82和图5-83）。

（5）纵向隔板之间的水平间距应不超过900mm，横向隔板之间的垂直间

距应不超过1500mm，用于承载重物的横向隔板下方一定要增加纵向隔板，增加的纵向隔板水平间距可缩小至450mm（图5-84）。

（6）大衣柜的外部饰面板可选用薄木贴面板，采用白乳胶粘贴至基层木芯板或指接板表面，四周采用气排钉固定即可。也可以采用带饰面的免漆木芯板，或粘贴免漆饰面板，价格稍高但是无需使用气排钉固定，外表比较美观，还能省去油漆涂饰；但是要注意边角保持锐利完整，不能存在破损，否则不方便修补（图5-85和图5-86）。

（7）安装饰面板后，应及时采用各种配套装饰边条封边，薄木贴面板可用颜色接近的实木线条封边，免漆木芯板与免漆饰面板可粘贴PVC线条。木质装饰线条收边时应与周边构造平行一致，连接紧密均匀。木质饰边线条应为干燥木材制作，无裂痕、无缺口、无毛边、头尾平直均匀，其尺寸、规格、型号要统一。长短视装饰件的要求而合理挑选，特殊木质花线在安装前应按设计要求选型加工。

5.3.2　门板

柜体制作完成后，应竖立起来固定到墙面上，固定时应重新测量隔板之间

图5-82　刨切修边

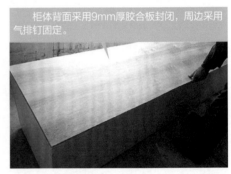

图5-83　柜体背面

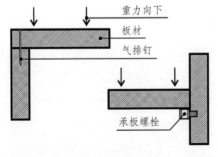
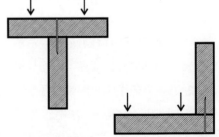

图5-84　衣柜板材构造示意

柜体高处应将横梁包裹，两个方向的柜体交接部位应增设纵向隔板，加强结构的同时还能用于安装柜门。

图5-85　柜体构造局部

柜体制作完毕后仔细检查各项构造的水平度与垂直度。

图5-86　柜体制作完毕

的间距，通过固定柜体来调整柜体框架的平直度。推拉柜门由成品经销商负责安装，其后章节会由详细介绍，下面介绍制作平开柜门的施工方法。

1. 施工方法

（1）仔细测量柜体框架上的间距尺寸，在柜体上做好每块门板的标记。

（2）采用优质木芯板制作柜门，根据测量尺寸在板材上放线定位，采用切割机对板材进行裁切，采用刨子做精细加工（图5-87和图5-88）。

（3）在门板外表面粘贴并钉接外部饰面板，压平并待干。

（4）在门板背面钻孔开槽，安装铰链，将门板安装至柜体进行调试，安装柜门装饰边条，整体调整。

2. 施工要点

（1）衣柜、书柜等常见柜体的平开门门板应采用优质E0级18mm厚木芯板制作，长边小于500mm的门板可以选用优质15mm厚木芯板制作，但是在同一柜体上，柜门厚度应当一致。有特殊设计要求的家具可选用纤维板、刨

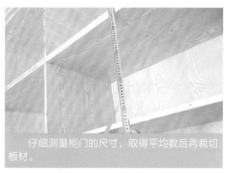

仔细测量柜门的尺寸，取得平均数后再裁切板材。

图5-87　测量柜门尺寸

采用三角尺找准板材的垂直度，画线后再裁切。

图5-88　画线裁切

花板制作，但是长边应小于500mm，以防止变形。平开门门板宽度一般应小于450mm，高度应小于1500mm，有特殊要求的部分柜门宽度应不超过600mm，高度应不超过1800mm（图5-89）。

（2）柜门裁切后应当在板材上钻出圆孔，待安装铰链（图5-90）。在门板边缘安装装饰边条，目前常用免钉胶粘贴PVC装饰边条，其制作效率较高，外观平整（图5-91和图5-92）。

（3）如果没有特殊设计要求，门板应安装在柜体框架外表，方便定位，不宜将门板镶嵌至柜体中，以免发生轻微变形而导致开关困难。

（4）用于外部饰面的薄木饰面板表面不能有缺陷，在完整的饰面上不能看到纹理垂直方向的接口，平行方向的接缝也要拼密，其他偏差范围应严格控制在有关审美范围之内。

（5）薄木饰面板应先使用白乳胶粘贴至柜门板材上，上方压制重物待5~7天后检查平整度，确定平整后再用气排钉沿边缘固定，周边气排钉间距为100~150mm，中央气排钉间距为300~400mm。免漆板采用强力万能胶粘贴，无需采用气排钉固定。

（6）在柜门上安装铰链后应及时固定至柜体上，仔细调整柜门的平直度与缝隙，确认无误后再拆卸下来安装装饰边条，具体要求与柜体边条安装要求一致。最终成品柜门之间的缝隙应保留3mm左右。如有防尘要求，可以在门板内侧钉接封板（图5-93和图5-94）。

（7）现代用于装修的优质木芯板价格较高，但是平整度良好，适用于整块柜

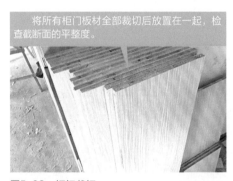

将所有柜门板材全部裁切后放置在一起，检查截断面的平整度。

图5-89　柜门裁切

采用电钻在柜门板材上开设圆孔，用来安装铰链。

图5-90　铰链钻孔

在PVC装饰线条上涂抹免钉胶，尽量均匀，但不过量，以免粘贴后挤压漏出。

图5-91　涂抹免钉胶

涂抹免钉胶后，将PVC装饰线条粘贴至板材侧面，应当选用板材的配套产品。

图5-92　粘贴边条

将铰链安装至柜门板上，预装时螺钉不宜紧固。

图5-93　安装铰链（一）

将柜门安装至柜体上，仔细调整门板的伸缩尺寸后固定螺钉。

图5-94　安装铰链（二）

门制作，无需将板材裁切成条状钉接成框架，再覆盖薄木饰面板，这种传统工艺容易导致门板变形。特别注意，不能使用指接板制作柜门，否则发生变形的几率会很大。柜门安装到位后应当将缝隙调整均匀，板面调平（图5-95和图5-96）。

（8）如果需要在门板中开设孔洞、镶嵌玻璃或制作各种设计造型，应尽量减小造型的面积，开设孔洞的边缘距离门板边缘应至少保留50mm，否则容易造成门板变形。如果需要将门板制作成窗花造型，可以到当地装饰材料市场或通过网络定制成品木质窗花隔板，直接安装在柜体上替代柜门。

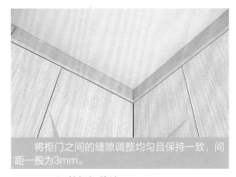

将柜门之间的缝隙调整均匀且保持一致，间距一般为3mm。

图5-95　调整柜门缝隙

柜门安装到位后整体调试平整度与缝隙，确保开关自如。

图5-96　柜门制作完毕

5.3.3　抽屉

抽屉是家具柜体不可缺少的构件，它能更加方便的开关，适合收纳小件物品，是大衣柜的重要组成部分。但是抽屉构造比较繁琐，制作数量以够用为佳，制作过多抽屉会提高施工费用。

1. 施工方法

（1）仔细测量柜体框架上的间距尺寸，在柜体上做好每件抽屉的标记。

（2）采用优质木芯板制作抽屉框架，采用胶合板制作抽屉底板，根据测量尺寸在板材上放线定位，采用切割机对板材进行裁切，采用刨子做精细加工（图5-97和图5-98）。

（3）将板材组装成抽屉，并安装滑轨（图5-99）。

（4）将抽屉安装至柜体进行调试，安装柜门装饰边条，整体调整（图5-100和图5-101）。

2．施工要点

（1）衣柜、书柜等常见柜体的抽屉应采用优质E0级18mm厚木芯板制作，

图5-97　测量板材

图5-98　切割板材

图5-99　气排钉固定

图5-100　滑轨安装

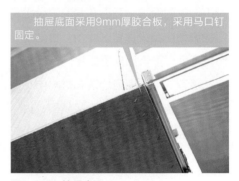

图5-101　抽屉底面

长边小于500mm的抽屉可以选用优质15mm厚木芯板制作，抽屉底板可采用9mm厚胶合板制作。但是在同一柜体上，抽屉与柜门的厚度应当一致。有特殊设计要求的家具可选用纤维板、刨花板制作，但是长边应小于500mm，以防止变形。

（2）衣柜中的抽屉宽度一般应小于600mm，高度应小于250mm，有特殊要求的部分柜门宽度应不超过900mm，高度应不超过350mm。规格过大的抽屉能收纳更多东西，但是滑轨的承受能力

施工准备

基础施工

水电施工

铺装施工

第5章 **构造施工**

涂饰施工

安装施工

维修保养

有限，容易造成开启困难或损坏。

（3）抽屉内部框架可以采用15mm厚指接板制作，能节省内部储藏空间。抽屉深度应比柜体深度小50mm左右，以便能开关自如，因此滑轨长度应与抽屉实际深度相当。例如，柜体深度为600mm，抽屉深度与滑轨长度为550mm。但是抽屉深度不宜小于250mm，否则无实际使用意义。

（4）如果没有特殊设计要求，抽屉应安装在柜体框架外表，方便定位，不宜将抽屉镶嵌至柜体中，以免发生轻微变形而导致开关困难（图5-102）。

（5）抽屉面板的施工要求与上述门板一致，虽然抽屉面板的尺寸规格不大，不容易发生变形，但是仍要采用与柜门相同的板材制作。薄木饰面板与免漆板的纹理应当与柜门保持一致。最后，仔细打磨抽屉边缘并安装边条，调整抽屉缝隙（图5-103~图5-106）。

5.3.4 玻璃与五金件

在柜体上安装玻璃与五金件能提升家具的品质，很多耐用配件都是钢化玻璃或金属，这些配件与木质构造搭配组合，能显露出无限的美感。玻璃主要用于书柜、装饰柜柜门或隔板，五金件主要是指门板与抽屉的拉手、立柱脚、边框等装饰配件。下面介绍家具柜体中玻璃与五金件的安装方法。

1. 施工方法

（1）仔细测量家具柜体上的安装尺寸，并在柜体上放线定位，为安装玻璃与五金件做好标记（图5-107）。

（2）根据测量尺寸定购并加工玻璃，根据设计要求与测量尺寸选购五金件。

（3）在家具柜体上安装玻璃的承载支点，将加工好的玻璃安放到位，根据实际使用要求强化固定，或加装装饰边条，统一检查并调整（图5-108）。

（4）根据定位标记，采用电钻在家具木质构造上钻孔，逐一安装拉手、立柱脚、边框等装饰配件，统一检查并调整。

2. 施工要点

（1）在同一家具柜体中，应先安装玻璃，后安装五金件。因为部分玻璃隔板安

从侧面检查抽屉在闭合状态下的平直度，发现误差及时调整。

图5-102 校正缝隙

用砂纸打磨抽屉边缘，特别注意将板材衔接处打磨平整。

图5-103 打磨边缘

采用免钉胶粘贴边条，抽屉内部应光洁平整。

图5-104　粘贴边条

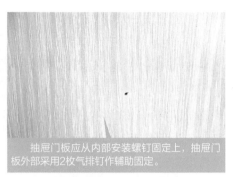

抽屉门板应从内部安装螺钉固定上，抽屉门板外部采用2枚气排钉作辅助固定。

图5-105　局部气排钉固定

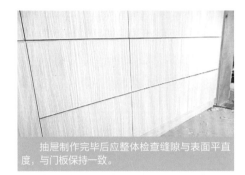

抽屉制作完毕后应整体检查缝隙与表面平直度，与门板保持一致。

图5-106　抽屉制作完毕

用卷尺仔细测量玻璃安装空间，反复核实尺寸。

图5-107　测量尺寸

在顶部安装支撑件，能有效支撑玻璃垂直放置。

图5-108　安装支撑配件

装在柜体内，必须先放置到柜体内部，此外，不少五金件需要安装在玻璃柜门上。

（2）如果要在柜件上安装普通玻璃，可以先在玻璃上钻孔，再用镀铬螺钉将玻璃固定在木骨架与衬板上，或用硬木、塑料、金属等材料的压条压住玻璃，用钉子固定。对于面积较小的玻璃，还可以直接用玻璃胶将玻璃粘在构件上。

（3）钢化玻璃只能预先测量尺寸进行定制加工，包括裁切、磨边、钻孔等加工工艺都由厂商或经销商完成，一旦加工成型就不能再进行破坏性变更。

（4）用于家具的无框柜门与隔板的玻璃应采用钢化玻璃，厚度应不低于6mm，长边应小于1200mm，有特殊要求的部分柜门或隔板的长边应不超过1500mm。对于有金属边框或木质边框支撑的玻璃可以采用普通产品，厚度应不低于5mm（图5-109）。

（5）玻璃安装后应与周边构造保留一定空隙，空隙最低应不小于2mm，保证木质家具有一定的缩胀空间，以免将玻璃挤压破裂（图5-110~图5-112）。

（6）安装五金拉手、立柱脚等装饰配件前，应用铅笔在安装部位做好标记，保持整体水平与垂直。拉手的螺钉安装点距离门板边缘应不低于30mm，立柱脚的螺钉安装点距离构造边缘应不低于50mm（图5-113和图5-114）。

（7）安装边框之前应精确测量长度，转角部位应旋切45°碰角，光洁的金属边框可以采用中性硅酮玻璃胶粘贴，塑料边框可以采用强力万能胶粘贴。

图5-109　安装玻璃

图5-110　预留缝隙

图5-111　加注玻璃胶

图5-112　安装完毕

图5-113　放线钻孔

图5-114　固定螺钉

识别选购方法 ▰▰▰▶

家具构造制作的关键在于精准的尺寸，设计图纸上的尺寸标注只能当作参考，具体尺寸应根据现场环境反复测量后才能确定。门板与抽屉安装会进行多次调整，初次组装不宜一次性钉接牢固，为进一步调整尺寸留有余地。各种装饰边条的尺寸空间应预先留出，随时注意切割机裁切时造成的尺寸减小。

家具构造施工一览 ●大家来对比● **（以下价格包含人工费、辅材与主材）**

品　种		性　能　特　点	用　途	价　格
	柜体	形态挺直，结构强度高，具有承重性能	储藏、隔墙、承重构造	500～700元/㎡
	柜门	表面平整，不弯曲变形，尺寸精确，缝隙均衡	柜体表面封闭	150～200元/㎡
	抽屉	形体端庄，具有一定承重性，开关自如，与柜门的整体效果一致	柜体中的伸缩储藏构造	150～200元/个
	玻璃与五金件	精致、紧密，具有装饰效果，审美性较好	家具、构造的局部装饰	不等

5.4 其他构造制作
操作难度 ★★★★★
地台基础　门窗套　窗帘盒　顶角线

除了吊顶、墙体、家具外，构造施工包含的门类还很丰富，不少构造融合了其他技术，所用材料品种也很多样，超出了传统的木质材料，需要多工种全面配合，下面就介绍几种常见木质构造的施工方法。

5.4.1 地台基础

地台是现代家居装修的高级构造，是指在房间中制作具有一定高度的平台，能拓展家居起居空间。地台的高度可以根据设计要求来确定，一般为100～600mm，主要采用防腐木、木龙骨、木芯板、指接板等木质材料制作，具有承载重量要求的地台还需要采用型钢焊接，或采用砖砌构造。制作地台后能提高起居空间的高度，满足不同民族、地域业主的生活习惯，地台中央的空间可以储藏各种生活用品（图5-115）。

1. 施工方法

（1）仔细清理制作地台房间的地面与墙面，进行必要的防潮处理，根据设计要求在地面与墙面上放线定位。

（2）采用防腐木或木龙骨制作地台框架，采用膨胀螺栓将框架固定在地面与墙面上（图5-116）。

（3）采用木芯板、指接板等木质板材制作地台的围合构造，并在外部安装各种饰面材料（图5-117）。

（4）制作地台的台阶、栏板、扶手、桌椅、柜体、门板等配件构造，安装必要的五金件与玻璃，全面调整。

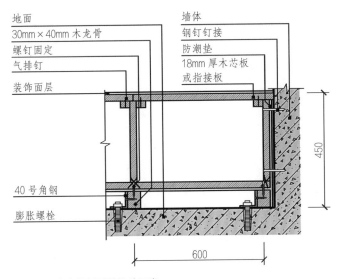

图5-115　**实木地板铺装构造示意**

图5-116　**地台基础构造**

图5-117　**地台饰面与边角**

木质地台防潮是关键

木质地台直接与地面接触，难免会受潮，受潮后容易发生变形，造成地台松散。防潮施工是木质地台必备的工艺，普通防潮工艺比较简单，可以预先在地面铺装PVC防潮毡，再在PVC防潮毡上制作地台龙骨。针对位于建筑底层的房间，应当在墙地面预先制作防水层，先采用聚氨酯制作一层，再采用聚合物防水涂料涂刷两遍。地台基础与墙地面防水层接触的部位应当局部增涂防水涂料。如果房间湿气实在太大，除了运用上述工艺外，还可以考虑采用砖砌地台基础，在水泥砂浆中添加防水剂。

2. 施工要点

（1）在家居装修室内制作地台，一般设计在书房、卧室、儿童房。面积较小的房间可以全部做成地台，高度较低，一般为100～200mm，地台上再布置日常家具，对地台的强度要求较高。面积较大的房间可以局部做成地台，高度可以较高，一般为200～600mm，适用于房间中的更衣区、储藏区、睡眠区等功能单一的区域，对地台的强度要求稍低。

（2）地台所在房间的墙、地面应进行必要的防水、防潮处理，最简单的方式是在墙、地面上涂刷地坪漆，能有效防止楼板、墙面潮湿的水分、气体浸入木质构架。

（3）地台框架所用的材料与结构应根据承重要求来选择，不能一概而论，过于轻质的材料不利于承载重量，过于粗重、复杂的材料会造成浪费。

（4）如果地台仅作睡眠区域，可选用50mm×70mm烘干杉木龙骨，采用开口方工艺制作框架，龙骨架间距300～400mm，表面与周边围合体可以选用18mm厚木芯板或指接板。

（5）如果地台上有行走要求，或长期放置固定家具，可选用边长大于100mm防腐木，如樟子松、菠萝格等，采用开口方工艺制作框架，龙骨架间距为300～400mm，表面与周边可以辅助采用50mm×70mm烘干杉木龙骨作支撑，围合体可以选用18mm厚木芯板或指接板（图5-118和图5-119）。日式榻榻米地台的中央可以制作升降桌，桌子底部应固定在楼板地面或基层木龙骨上（图5-120和图5-121）。

（6）木质构造地台始终具有一定弹性，经常走动、踩压会造成震动或发生变形。如果地台高度超过500mm，且对牢固度有特殊要求，可以采用轻质砖在地面砌筑基础，作为地台的主体立柱，或采用型钢焊接基础框架。对于具体焊接施工构造与型钢选用，可以参考本书第2章基础施工相关内容。

（7）如果在住宅建筑底层或地下室制作地台，除了在基层涂刷地坪漆外，还应在地台内部放置活性炭包与石灰包，

储藏式地台可以采用木芯板或指接板制作，纵向隔板间距应不超过900mm。

图5-118　储藏式地台构架

日式地台中央可以预留空间，方便入座，并安装方桌。

图5-119　日式地台构架

升降桌底部应固定在地面上或木龙骨基础上。

图5-120　日式地台升降桌

升降桌周边可以制作盖板，下部为储藏柜。

图5-121　日式地台制作完毕

并在地台侧面开设通风口，以利于排除潮湿。

（8）高度超过250mm的地台应设置台阶，台阶高度应等分，每阶高度为120～200mm。台阶构造材料应当与地台主体材料一致，避免缩胀性不同而导致的接缝处开裂。

（9）地台上表面铺装18mm厚木芯板或指接板后可以继续安装饰面材料，如铺设实木地板、复合木地板、地毯、地席等，具体施工方式可参考本书第7章安装施工相关内容。地台边角应采用木质或金属饰边条装饰，不能将板材接缝处裸露在外（图5-122和图5-123）。

免漆板制作的地台表面更加光洁，靠窗布置可以当作床。

图5-122　地台制作完毕（一）

地台上表面开设柜门能获得最大的储藏空间，盖板向上开启。

图5-123　地台制作完毕（二）

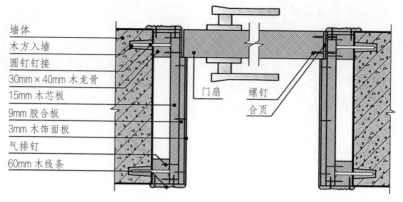

墙体
木方入墙
圆钉钉接
30mm×40mm 木龙骨
15mm 木芯板
9mm 胶合板
3mm 木饰面板
气排钉
60mm 木线条

门扇　螺钉
合页

图5-124　门套构造示意

5.4.2　门窗套

门窗套用于保护门、窗边缘墙角，防止日常生活中的无意磨损，门窗套还适用于门厅、走道等狭窄空间的墙角。无论是否安装门扇，门窗套适用性都很强，是现代家居装修不可或缺的重要构造（图5-124）。

1. 施工方法

（1）清理门窗洞口基层，改造门窗框内壁，修补整形，放线定位，根据设计造型在窗洞口钻孔并安装预埋件。

（2）根据实际施工环境对门窗洞口作防潮处理，制作木龙骨或木芯板骨架安装到洞口内侧，并作防火处理，调整基层尺寸、位置、形状。

（3）在基层构架上钉接木芯板、胶合板或薄木饰面板，将基层骨架封闭平整。

（4）钉接相应木线条收边，对钉头作防锈处理，并全面检查。

2. 施工要点

（1）门窗洞口应方正垂直，预埋件应符合设计要求，并作防腐、防潮处理，如涂刷防水涂料或地坪漆（图5-125）。

（2）根据洞口尺寸，门窗中心线与位置线，用木龙骨或木芯板制成基层骨架，并作防火处理，横撑位置必须与预埋件位置重合。基层骨架可采用膨胀螺钉或钢钉固定至门窗框墙体上，钉距一般为600～800mm（图5-126～图5-128）。

（3）基层骨架应平整牢固，表面须刨平。安装基层骨架应保持方正，除预留出板面厚度外，基层骨架与预埋件的间隙应用胶合板填充，并牢固连接。安

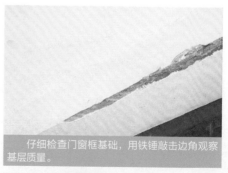

仔细检查门窗框基础，用铁锤敲击边角观察基层质量。

图5-125　门窗框基础

装门窗洞口骨架时，一般先上端、后两侧，洞口上部骨架应与紧固件牢固连接（图5-129～图5-131）。

（4）外墙窗台台面可以选用天然石材或人造石材铺装，底部采用素水泥粘贴，周边采用中性硅酮玻璃胶封闭缝隙。

（5）门窗套的饰面板颜色、花纹应

协调。板面应略大于搁栅骨架，大面应净光，小面应刮直。木纹根部应向下，长度方向需要对接时，花纹应通顺，接头位置应避开视线平视范围，接头应留在横撑上。

（6）门窗套的装饰线条的品种、颜色应与侧面板材保持一致。装饰线条

图5-126　木质构造基础局部（一）

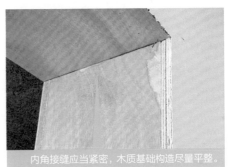

图5-127　木质构造基础局部（二）

图5-128　木质构造基础局部（三）

图5-129　板材垫平

图5-130　顶部封闭

图5-131　门坎构造

木质线条的转角处应切割为45°，保证缝隙紧密。

图5-132 门窗套制作完毕

碰角接头为45°，装饰线条与门窗套侧面板材的结合应紧密、平整，装饰线条盖住抹灰墙面宽度应大于10mm（图5-132）。

（7）装饰线条与薄木饰面板均采用气排钉固定，钉距一般为100～150mm。免漆板采用强力万能胶粘贴，免漆板装饰线条与墙面的接缝处应采用中性硅酮玻璃胶黏结并封闭。

5.4.3　窗帘盒

窗帘盒是遮挡窗帘滑轨与内部设备的装饰构造。窗帘盒一般有两种形式，

一种是房间内有吊顶的，窗帘盒隐蔽在吊顶内，在制作顶部吊顶时就一同完成了；另一种是房间内无吊顶，窗帘盒固定在墙上，或与窗框套成为一个整体。无论哪种形式都可以采用木芯板与纸面石膏板制作（图5-133）。

1. 施工方法

（1）清理墙、顶面基层，放线定位，根据设计造型在墙、顶面上钻孔，安装预埋件（图5-134）。

（2）根据设计要求制作木龙骨或木芯板窗帘盒，并作防火处理，安装到位，调整窗帘盒尺寸、位置、形状。

（3）在窗帘盒上钉接饰面板与木线条收边，对钉头作防锈处理，将接缝封闭平整（图5-135）。

（4）安装并固定窗帘滑轨，全面检查调整。

2. 施工要点

（1）常用窗帘盒的高度为100mm左右，单杆宽度为100mm左右，双杆

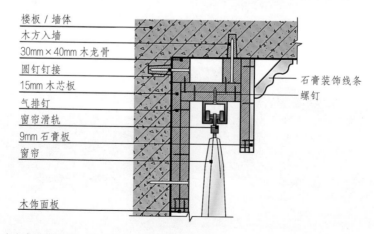

楼板／墙体
木方入墙
30mm×40mm木龙骨
圆钉钉接
15mm木芯板
气排钉
窗帘滑轨
9mm石膏板
窗帘
木饰面板

石膏装饰线条
螺钉

图5-133　窗帘盒构造示意

采用木龙骨制作窗帘盒基础能提升整体构造的强度。

图5-134　木龙骨基础

窗帘盒外部采用石膏板封闭，内部采用木芯板封闭，能安装滑轨。

图5-135　石膏板封闭

宽度为150mm左右，长度最短应超过窗口宽度300mm，即窗口两侧各超出150mm，最长可以与墙体长度一致。

（2）制作窗帘盒可使用木芯板、指接板、胶合板等木质材料，如果与石膏板吊顶结合在一起，可以使用木龙骨或木芯板制作骨架，外部钉接纸面石膏板，具体施工方法可以参见本章吊顶构造制作方法（图5-136）。

（3）如果窗帘盒外部需安装薄木饰面板、免漆板，应采用与窗框套同材质的板材，安装部位为窗帘盒的外侧面与底面（图5-137）。

（4）窗帘滑轨、吊杆等构造不应安装窗帘盒上，应安装在墙面或顶面上。如果有特殊要求，窗帘盒的基层骨架应预先采用膨胀螺钉安装在墙面或顶面上，以保证安装强度。

5.4.4　顶角线

顶角线是指房间墙面或家具柜体与顶面夹角处的装饰线条，由于部分墙面经过装饰，所用材料与顶面不同，为了遮挡由缩胀性带来的缝隙，应当制作顶角线修饰。常见的顶角线有石膏顶角线与木质顶角线两种，制作方法虽然不同，但是构造原理基本一致（图5-138和图5-139）。

窗帘滑轨凹槽外部应与周边吊顶形成一体。

图5-136　窗帘滑轨凹槽

窗帘盒制作完毕后可以在外部继续安装装饰线条。

图5-137　窗帘盒制作完毕

133

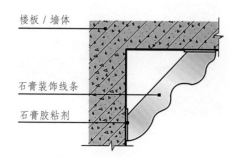

图5-138　石膏顶角线构造示意

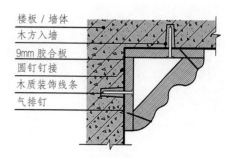

图5-139　木质顶角线构造示意

1. 施工方法

（1）清理墙、顶面基层，进行必要的找平处理，并放线定位。

（2）根据房间长度裁切石膏线条或木质线条，首末两端应作45°裁切（图5-140）。

（3）调和石膏粉胶粘剂，将石膏线条粘贴至顶角部位（图5-141），木质线条应在基层预先钉接木质板条后，再将气排钉钉接至板条上。

（4）修补边缘与接缝，全面检查调整。

2. 施工要点

（1）顶角线自主基层应作相应找平，

墙顶面转角应保持标准90°。如果墙面为木质家具、构造，应对转角缝隙进行修补，采用石膏粉或成品腻子调和成膏状，用小平铲修补平整。如果墙面为壁纸，应预先粘贴壁纸后再制作顶角线，壁纸粘贴应到距离顶面50mm左右中止。

（2）切割石膏线条与木质线条时，应采用手工钢锯切割，不能采用切割机操作，应采用量角器测量末端的45°，用铅笔做好标记。

（3）调和石膏粉胶粘剂应注意黏稠度，可以根据实际情况掺入10%的901建筑胶水，将调和好的胶粘剂静置20min后再涂抹至石膏线条背面。顶角石膏线

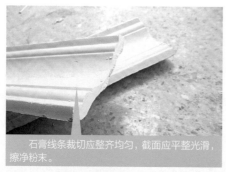

石膏线条裁切应整齐均匀，截面应平整光滑，擦净粉末。

图5-140　裁切石膏线条

粘贴石膏线条时应处理好接缝，缝隙过渡应平和自然，采用石膏粉修补。

图5-141　粘贴拼接

条应尽量保持完整，不随意裁切拼接，同一边长不能出现2条以上接缝，接缝处的花纹应过渡自然，不能有断接或错接。石膏线条粘贴后应按压牢固，不能受外力碰撞。

（4）木质线条安装基层应预先钉接15mm厚木芯板或指接板条，也可以采用9mm厚胶合板，板条宽度与木质线条边长一致。板条采用气排钢钉钉入墙面，钉距一般为300mm左右。木质线条采用气排钉接在板条上，对于较厚实的木质线条或实心线条，也可以将直接采用气排钢钉钉入墙面，但是较厚实的木质线条价格较

高，综合成本与钉接板条基本相同。

（5）无论是石膏线条还是木质线条，都应及时采用同色成品腻子修补边角缝隙，不能待涂饰施工时再修补，以免受潮变形（图5-142）。

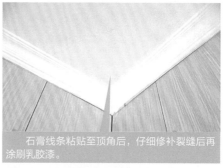

石膏线条粘贴至顶角后，仔细修补裂缝后再涂刷乳胶漆。

图5-142　石膏线条制作完毕

★家装小贴士★

角线开裂原因

由于角线都是整根或整捆购买，在装修中难免会有破损，主要原因来自于运输与裁切，运输途中容易受到碰撞，裁切时切割机的震动会造成角线开裂。石膏角线相对于木质角线更容易开裂。但是角线开裂对施工影响不大，石膏角线安装后可以采用石膏粉修补，表面再涂刷乳胶漆，木质角线安装后可以采用同色成品腻子修补，这些都能覆盖裂缝。

识别选购方法

构造施工的门类繁多，所选用的材料规格应根据实际需要来定，充分考虑日后的使用要求。为了加强构造的牢固程度，可以适当选用金属材料。特别注意边角缝隙的处理，避免给人粗糙感。

其他构造施工一览●大家来对比●　　　　　**（以下价格包含人工费、辅材与主材）**

品　种		性能特点	用　途	价　格
	地台基础	能提升地面高度，内部能储藏物品，节省家居空间	卧室、书房地面空间拓展与储藏	600~800元/m²

品　种	性 能 特 点	用　途	价　格
门窗套	保护门窗框架周边护角，具有一定装饰效果	门窗洞口边角装饰	200~250元 / m
窗帘盒	外观平整、挺直，能遮挡住窗帘滑轨	外窗内侧墙顶面装饰	150~200元 / m
石膏顶角线	外观装饰纹理丰富，可选择余地较大，体量较大，装饰构造平整	墙顶面内角修饰	20~30元 / m
木质顶角线	价格较高，施工相对复杂，色彩纹理多样	墙顶面内角修饰，家居构造顶角修饰	30~40元 / m

06

涂饰施工
Painting Process

涂饰是装饰的面子工程，各种构造都会被涂饰材料遮盖，或是显露出更清晰的纹理，或是完全变更了色彩。涂饰施工讲究平整的外观与锐利的转角。涂饰施工员更是艺术家，需要将耐心注入到施工操作中来。为了获得更好的装修品质，很多装修业主也都参与到涂饰施工中来，可以通过阅读本章内容来指导施工。

涂饰施工的内容很多，包括乳胶漆涂饰、硝基漆涂饰、壁纸铺装等一系列施工项目，重点在于基层处理，面层材料的质地需要基层施工来衬托。涂饰施工工期较长，但是装饰效果表现明显，能飞跃提升家居装修的视觉效果。

本章 导读

　　当家居装修进入涂饰施工后，各个部位的装饰效果才会逐渐反映出来。涂饰施工方法很多样，但是基层处理都要求平整、光洁、干净，需要进行腻子填补、多次打磨，表面油漆涂料才能完美覆盖。现代涂饰材料品种多样，应当根据不同材料的特性选用不同的施工方法。本章介绍了界面基层处理、油漆涂饰、涂料涂饰、壁纸施工等工艺，覆盖面广，适合绝大多数家居装修的施工需求。有兴趣的业主也可以参考本书自主施工，更能体验装修乐趣（图6-1）。

图6-1 涂饰施工的关键
在于基层处理,相邻部
位应当衔接紧密且不相
互覆盖,才能表现出精
致的效果

6.1 界面基层处理

操作难度 ★★★★★

墙顶面抹灰　自流平水泥施工

在涂饰面层油漆、涂料之前,应当对涂饰界面基层进行处理,目的在于进一步平整装饰材料与构造的表面,为涂饰乳胶漆、喷涂真石漆、铺贴壁纸、墙面彩绘等施工打好基础。界面基层处理比较简单,只是重复性工作较多,需要耐心、静心操作。

6.1.1 墙顶面抹灰

墙顶面抹灰是指针对粗糙水泥墙面、外露砖墙墙面、混凝土楼板等界面进行找平施工,主要采用不同比例的水泥砂浆,下面以常规砌筑墙体为例,介绍抹灰施工方法(图6-2)。

1. 施工方法

(1)检查毛坯墙面的完整性,记下凸出与凹陷强烈的部位。对墙面四角吊竖线、横线找水平,弹出基准线、墙裙线与踢脚线,制作冲筋线。

(2)对墙面进行湿水,调配1:2水泥砂浆(图6-3),对墙面、顶面的阴阳角找方正,做门窗洞口护角。

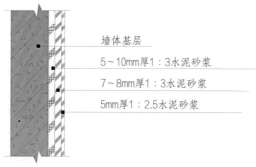

墙体基层

5~10mm厚1:3水泥砂浆

7~8mm厚1:3水泥砂浆

5mm厚1:2.5水泥砂浆

图6-2 水泥砂浆抹灰构造示意

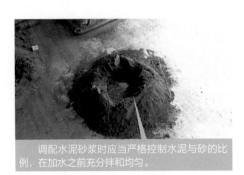

调配水泥砂浆时应当严格控制水泥与砂的比例，在加水之前充分拌和均匀。

图6-3　调配水泥砂浆

（3）采用1：2水泥砂浆作基层抹灰，厚度宜为5~7mm，待干后采用1：1水泥砂浆作找平层抹灰，厚度宜为5~7mm。

（4）采用素水泥找平面层，养护7天。

2.　施工要点

（1）对于已经做好抹灰的墙顶面，应根据实际情况检查现有抹灰层的质量，一般无需作全部抹灰，只需作局部抹灰找平即可。对于已经刮涂了白石灰或腻子的墙面不能采用水泥砂浆抹灰，可以用石膏粉或腻子粉找平。

（2）抹灰用的水泥宜为32.5级普通硅酸盐水泥，不同品种、不同强度等级的水泥不能混用。抹灰施工宜选用中砂，

如果墙面需要增加保温层，应当在保温层表面挂贴防裂网后再抹灰。

图6-4　抹灰界面挂网

用前要经过网筛，不能含有泥土、石子等杂物。如果用石灰砂浆抹灰，所用石灰膏的熟化期应大于15天，罩面用磨细生石灰粉的熟化期应大于3天。水泥砂浆拌好后，应在初凝前用完，凡是已结硬的砂浆均不能继续使用。

（3）基层处理必须合格，砖砌体应清除表面附着物、尘土，抹灰前洒水湿润。混凝土砌体的表面应作凿毛处理，或在表面洒水润湿后涂刷掺加胶粘剂的1：1水泥砂浆，一般掺加10%的901建筑胶水即可。加气混凝土砌体则应在润湿后刷界面剂，边刷边抹1：1水泥砂浆。

（4）各抹灰层之间黏结应牢固，用水泥砂浆或混合砂浆抹灰时应待前1层抹灰层凝结后，才能抹第2层。用石灰砂浆抹灰时，应待前1层达到80%干燥后再抹下1层。底层抹灰的强度不得低于面层抹灰的强度。在不同墙体材料交接处的表面抹灰时，应采取防开裂的措施，如贴防裂胶带或细金属网等（图6-4）。

（5）洞口阳角应用1：2水泥砂浆做暗护角，其高度应小于2m，每侧宽度应大于50mm（图6-5）。大面积抹灰前应

边角部位抹灰应当确保平整度，可以埋设塑料或金属护角。

图6-5　转角抹灰

设置标筋线，制作好标筋找规矩与阴阳角找方正是保证抹灰质量的重要环节（图6-6和图6-7）。

（6）在家居装修中，水泥砂浆抹灰层厚度应小于15mm，顶面抹灰层厚度应小于10mm。如果有特殊要求，需要增加抹灰层的厚度，应在第一遍抹灰完全干燥后，在墙顶面钉接钢丝网，再作第2遍抹灰施工。第1遍抹灰应采用1：2水泥砂浆，第2遍可采用1：1水泥砂浆，墙面抹灰层总厚度不宜超过25mm（图6-8）。

（7）水泥砂浆抹灰层应在抹灰24h后进行养护（图6-9）。抹灰层在凝固前，应防止震动、撞击、水分急剧蒸发。抹灰面的温度应高于5℃，抹灰层初凝前不能受冻（图6-10）。

抹灰后应当使用金属模板对抹灰界面作整体刮平。

图6-6　表面找平

新旧墙体抹灰的过渡应当自然均衡，保持一定穿插，使抹灰的吸附力更强。

图6-7　新旧墙体过渡

抹灰完毕后应当检查表面的平整度，待完全干燥后才能进一步施工。

图6-8　墙面抹灰完毕

在待干过程中应当时常洒水润湿，让抹灰层内外同时且缓慢地干燥。

图6-9　抹灰界面湿水养护

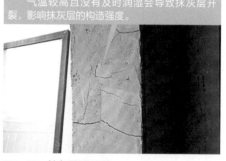

气温较高且没有及时润湿会导致抹灰层开裂，影响抹灰层的构造强度。

图6-10　抹灰界面开裂

抹灰水泥砂浆比例

在装修施工中，常会用到不同比例的水泥砂浆，如1：1水泥砂浆、1：2水泥砂浆、1：3水泥砂浆等，这些水泥砂浆的比例是指水泥与砂的体积比。以1：2水泥砂浆为例，1个单位体积的水泥与2个单位体积的砂搭配组合，加水调和后形成的水泥砂浆即为1：2水泥砂浆。其中砂占据的比例越高，水泥砂浆的硬度与耐磨度也就越高。

1：1水泥砂浆适用于面层抹灰或铺贴墙地砖；1：2水泥砂浆适用于基层抹灰或凹陷部位找平，也可以用于局部砌筑构造；1：3水泥砂浆适用于墙体等各种砖块构造砌筑。素水泥中没有掺入砂，平整度最高，可以掺入10％的901建筑胶水，用于抹灰层面层找平，或铺贴墙地砖。

6.1.2 自流平水泥施工

自流平水泥是一种成品粉状混合水泥，在施工现场加水搅拌后倒在地面，经刮刀展开，即可获得高平整基面。自流平水泥硬化速度快，4～5h后可上人行走，24h后可进行面层施工，施工快捷、简便，适用于对平整度要求较高的家居装修空间，可以直接铺装复合木地板、地毯、地胶等单薄的装饰材料，营造出特别平整的地面。

1. 施工方法

（1）检查地面的完整性，采用1：2水泥砂浆填补凹陷部位。在墙面底部放线定位，确定自流平水泥浇灌高度。

（2）进一步清理地面，保持地面干燥、整洁，无灰尘、油污，涂刷产品配套的表面处理剂2遍（图6-11）。

（3）根据自流平水泥产品包装上的使用说明，根据比例配置自流平水泥浆料，搅拌均匀，静置5min后倒在地面上（图6-12）。

（4）采用配套靶子等工具，将自流平水泥整平，并赶出气泡，养护24h（图6-13）。

施工前应当对地面进行找平，采用水泥砂浆填补凹陷，尽量保持表面平整。

图6-11 地面找平

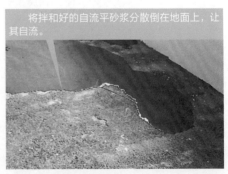

将拌和好的自流平砂浆分散倒在地面上，让其自流。

图6-12 砂浆自流地面

2. 施工要点

（1）基础水泥地面要求清洁、干燥、平整，水泥砂浆与地面间不能空壳，水泥砂浆面不能有砂粒，基层水泥强度不得小于10MPa。自流平边缘应设置阻挡构造，保证边缘平整（图6-14）。

（2）在施工前，可根据实际情况采用打磨机对基础地面进行打磨，磨掉地面的杂质，浮尘和砂粒，打磨后扫掉灰尘，用吸尘器吸干净。

（3）涂刷表面处理剂时，应按产品包装说明对处理剂进行稀释，采用不脱毛的羊毛滚筒按先横后竖的方向把地面处理剂均匀地涂在地面上，保证涂抹均匀，不留间隙。涂好后根据不同产品性能，等待一定时间再进行自流平水泥施工。水泥表面处理剂能增大自流平水泥与地面的黏结力，防止自流平水泥的脱壳或开裂。

（4）将自流平水泥浆料导入容器中，严格按照包装说明加入水，用电动搅拌器把自流平彻底搅拌。搅拌2min，停30s，再继续搅拌1min，不能有块状或干粉出现。搅拌好的自流平水泥须呈流体状。

（5）搅拌好的自流平尽量在30min内使用。将自流平水泥倒在地面上，用带齿的靶子把自流平拨开，待其自然流平后用带齿的滚子在上面纵横滚动，放出其中的气体，防止起泡。特别注意自流平水泥搭接处的平整（图6-15）。

（6）如果对地面平整度要求特别高，

图6-13　赶刮平整

图6-14　地面分层

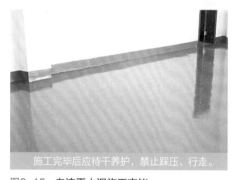

图6-15　自流平水泥施工完毕

或准备铺装地毯或地胶，待自流平水泥完全干燥后采用打磨机打磨，打磨后用吸尘机把灰尘吸干净。还可以根据需要在自流平地面上涂刷环氧地坪漆，能有效保护自流平地面，使其不受磨损（图6-16）。

根据设计使用要求涂刷环氧地坪漆，能有效保护自流平地面不受磨损。

图6-16 涂刷环氧地坪漆

识别选购方法

　　基层找平的平整度很重要，主要依靠制作标筋线与放线定位来参考，不能盲目对施工界面进行抹灰，否则很难达到平整效果。小面积墙面、构造找平也可以采用铝合金模板，模板的长度应超过2m，随时用水平尺校正。

6.2 油漆涂饰
操作难度 ★★★★★
清漆涂饰　混漆涂饰　硝基漆涂饰

　　油漆是最传统的涂饰材料，涂刷后能快速挥发干燥，形成良好的结膜，能有效保护装饰构造。不同油漆品种的涂饰施工方法均不同，施工前要配齐工具与辅料（图6-17），熟悉不同油漆的特性，仔细阅读包装说明。下面介绍常见的清漆、混漆、硝基漆等材料的涂饰施工方法（图6-18）。

6.2.1　清漆涂饰

　　清漆涂饰主要用于木质构造、家具表面涂饰，它能起到封闭木质纤维，保护木质表面，光亮美观的作用。现代家装中使用的清漆多为调和漆，需要在施工中不断勾兑，在挥发过程中不断保持合适的浓度，保证涂饰均匀。在家居装修中最常用的是聚酯清漆与水性清漆，涂刷后表面平整，干燥速度快，施工工艺具有代表性。

　　1．施工方法

　　（1）清理涂饰基层表面，铲除多余木质纤维，使用0号砂纸打磨木质构造表面与转角（图6-19）。

　　（2）根据设计要求与木质构造的纹理色彩对成品腻子粉调色，修补钉头凹陷部位，待干后用240号砂纸打磨平整（图6-20）。

　　（3）整体涂刷第1遍清漆，待干后复补腻子，采用360号砂纸打磨平整，整体涂刷第2遍清漆，采用600号砂纸打磨

油漆涂饰施工的工具品种很多，应当配置齐全。

图6-17　油漆涂饰辅助材料

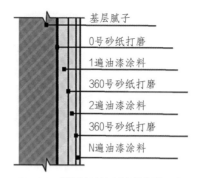

基层腻子
0号砂纸打磨
1遍油漆涂料
360号砂纸打磨
2遍油漆涂料
360号砂纸打磨
N遍油漆涂料

图6-18　常规油漆涂料涂装构造示意

木质构造制作完毕后应当采用砂纸打磨转角部位，去除木质纤维毛刺。

图6-19　基层处理

将同色成品腻子填补至气排钉端头部位，将表面刮平整。

图6-20　修补腻子

采用砂纸打磨后刷涂清漆，施工时应当顺着纹理刷涂。

图6-21　涂刷清漆

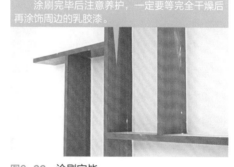

涂刷完毕后注意养护，一定要等完全干燥后再涂饰周边的乳胶漆。

图6-22　涂刷完毕

平整（图6-21）。

（4）在使用频率高的木质构造表面涂刷第3遍清漆，待干后打蜡、擦亮、养护（图6-22）。

2．施工要点

（1）打磨基层是涂刷清漆的重要工序，应首先将木质构造表面的尘灰、油污等杂质清除干净，基层处理是保证涂饰施工质量的关键。

（2）上润油粉时用棉丝蘸油粉涂抹在木器表面，用手来回揉擦，将油粉擦入到木质纤维缝隙内。为了防止木质材

施工准备

基础施工

水电施工

铺装施工

构造施工

第6章　涂饰施工　安装施工

维修保养

料在加工过程中受到污染，可以在木质材料进场后就立即擦涂润油粉，或涂刷第1遍清漆。

（3）修补凹陷部位的腻子应经过仔细调色，根据木质纹理颜色来进行调配，不宜直接选用成品彩色腻子。

（4）涂刷清漆时，手握油刷要轻松自然，手指轻轻用力，以移动时不松动、不掉刷为准。涂刷时蘸次要多、每次少蘸油，力求勤刷、顺刷，依照先上后下、先难后易、先左后右、先里后外的顺序操作。

（5）聚酯清漆的特性是结膜度较高，涂饰时应严格控制稀释剂等配套产品的掺加比例，严格按照包装说明来执行，以刷涂为主，每遍涂刷都力求平整。水性清漆结膜度较低，但是施工后不容易氧化变黄，以刷涂为主，采用软质羊毛刷施工，或采用喷涂方式施工。

（6）施工时应及时清理周围环境，防止尘土飞扬。任何油漆都有一定毒性，对呼吸道有较强的刺激作用，施工中要注意通风，带上专用防尘口罩。

6.2.2 混漆涂饰

混漆涂饰主要用于涂刷未贴饰面板的木质构造表面，或根据设计要求需将木纹完全遮盖的木质构造表面。混漆的遮盖性很强，也需要在施工中不断勾兑稀释剂，在挥发过程中不断保持合适的浓度，保证涂饰均匀。在家居装修中最常用的混漆是聚酯混漆与醇酸混漆，涂刷后表面平整，干燥速度快，施工工艺具有代表性。

1. 施工方法

（1）清理涂饰基层表面，铲除多余木质纤维，使用0号砂纸打磨木质构造表面与转角，在节疤处涂刷虫胶漆。

（2）对涂刷构造的基层表面作第1遍满刮腻子，修补钉头凹陷部位，待干后采用240号砂纸打磨平整。

（3）涂刷干性油后，满刮第2遍腻子，采用240号砂纸打磨平整（图6-23~图6-25）。

（4）涂刷第1遍混漆，待干后复补腻子，采用360号砂纸打磨平整，涂刷第2遍混漆，采用360号砂纸打磨平整。

（5）在使用频率高的木质构造表面涂刷第3遍混漆，待干后打蜡、擦亮、养护。

2．施工要点

（1）基层处理时，除清理基层的杂物外，还应对局部凹陷部位作腻子嵌补，砂纸应顺着木纹打磨，基层处理是保证涂饰施工质量的关键。

（2）在涂刷面层前，应用虫胶漆对有较大色差与木质结疤处进行封底。为了防止木质板材在施工中受到污染，可以在板材基层预先涂刷干性油或清油，涂刷干性油时，所有部位应均匀刷遍，不能漏刷。

（3）底油干透后，满刮第1遍腻子，干后用砂纸打磨，然后修补高强度腻子，

腻子以挑丝不倒为准，涂刷面层油漆时应先用细砂纸打磨。

（4）涂刷混漆时，多采用尼龙板刷，应当将混漆充分调和搅拌后，静置5min左右再涂刷，具体操作方法与上述清漆施工方法一致（图6-26～图6-28）。

（5）聚酯混漆的特性是结膜度较高，涂饰时应严格控制稀释剂等配套产品的掺加比例，严格按照包装说明来执行，以刷涂为主，每遍涂刷都力求平整。醇酸混漆的结膜较厚，但是施工后容易氧化变黄，以刷涂为主，不宜采用白色或浅色产品。

（6）施工时应及时清理周围环境，防止尘土飞扬。任何油漆都有一定毒性，

采用成品腻子将涂饰界面满刮平整，腻子应当遮盖基层材料的色彩。

图6-23　满刮腻子

可以在腻子中添加颜料来调色，使腻子的颜色与混漆的颜色相近。

图6-24　调配腻子颜色

待腻子干燥后采用砂纸将构造表面打磨平整。

图6-25　砂纸打磨

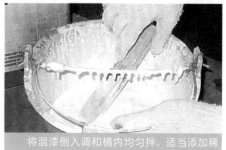

将混漆倒入调和桶内均匀拌，适当添加稀释剂。

图6-26　混漆搅拌

采用毛刷将混漆涂刷至构造表面，保持统一方向涂刷。

图6-27 刷涂（一）

对于局部构造应当采用小号毛刷施工，顺着结构方向涂刷。

图6-28 刷涂（二）

对呼吸道有较强的刺激作用，施工中要注意通风，带上专用防尘口罩。

6.2.3 硝基漆涂饰

硝基漆的装饰效果特别平整、细腻，具有一定的遮盖能力，有清漆、混漆、裂纹漆等多种产品，现在常被用来取代传统油漆，用于涂饰木质构造、家具表面。基层处理与上述油漆施工一致，只是工序更细致些，需要经过多次打磨与修补腻子，下面介绍常用的白色硝基漆施工方案。

1. 施工方法

（1）采用500号砂纸顺木纹方向打

磨，去除毛刺、划痕等污迹，打磨后要彻底清除粉尘（图6-29和图6-30）。

（2）涂刷封闭底漆，待干燥8h后，再用1000号砂纸轻磨，并清除粉尘。

（3）擦涂水性擦色液，擦涂时应先按转圈方式擦涂，擦涂均匀后再顺木纹方向收干净。待干后将硝基底漆轻轻搅拌均匀，加入适量稀释剂，静置10min再涂刷（图6-31）。

（4）每涂刷1遍，待干后打磨，再继续涂刷，一般涂刷4~10遍，最后进行打蜡、擦亮、养护。

2. 施工要点

（1）基层处理与上述其他油漆施工

在构造基层上修补成品腻子，将气排钉的端头与凹陷部位修补平整。

图6-29 修补腻子

采用砂纸打磨构造表面，保持基础界面绝对平整。

图6-30 砂纸打磨

将稀释剂与硝基漆适当混合，搅拌均匀后添加至喷枪的储料罐中。

图6-31　调配硝基漆

将涂饰构造周边用报纸封住，避免油漆沾染到其他部位。

图6-32　遮盖边缘

喷涂时应快速、均匀挥动喷枪，保持喷涂间距。

图6-33　喷涂（一）

大面积喷涂也应当统一方向，避免涂花涂乱。

图6-34　喷涂（二）

一致，对平整度的要求更高，喷涂构造周边应当作适当遮挡（图6-32）。

（2）涂刷硝基漆时，应采用细软的羊毛板刷施工，顺木纹方向刷涂，注意刷涂均匀，间隔4~8h再重复刷1遍。待底漆干透后，用1000~1500号砂纸仔细打磨，底漆需要涂刷3~4遍才有遮盖能力。

（3）待低漆施工完毕后可以涂饰面漆，涂饰面漆最好采取无气喷涂工艺，每次都要将硝基漆轻轻搅拌均匀，加入适量稀释剂，注意喷涂均匀，间隔4~8h再重复喷1遍。每次喷涂干燥后都要用1000~1500号砂纸仔细打磨。面漆需要涂刷4~5遍才有遮盖能力。对于台面、

柜门等重点部位，累积涂饰施工要达到10遍（图6-33和图6-34）。

（4）硝基漆可以调色施工，调色颜料应采用同厂商的配套产品，或在厂商指定的专卖店调色。

（5）裂纹硝基漆多以刷涂为主，最后1遍裂纹剂应涂刷均匀，否则裂纹会大小不均。如没有施工经验可以预先在不醒目的部位作实验性操作，待熟练后再进行大面积施工。

（6）硝基漆施工周期长，需要长时间待干，工艺复杂，成本高，一般仅作局部涂饰，粗糙、简化的工艺效果可能还不如传统油漆（图6-35~图6-37）。

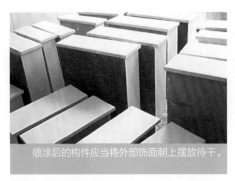

喷涂后的构件应当将外部饰面朝上摆放待干。

图6-35 待干（一）

家具柜门应当放置在柜体的安装位置待干，并作方向标识与编号。

图6-36 待干（二）

每次喷涂待完全干燥后都应当采用砂纸打磨，即可呈现出细腻平滑的效果。

图6-37 砂纸打磨

★家装小贴士★

硝基漆的优势

硝基漆施工的优势在于表面细腻、平整，是其他油漆所不具备的，但是需要多次涂饰，多层叠加才能呈现出效果，因此，硝基漆的施工周期较长、成本较高。

识别选购方法

油漆涂饰施工的关键在于稀释剂的调和比例，很多施工员凭着经验掺入稀释剂，为了将油漆调和等更薄，达到平整的涂刷效果，往往掺入更多稀释剂，这样产品配套的稀释剂不够用，另外采购其他品牌或型号的稀释剂，造成最终涂饰质量不佳，或造成材料浪费。此外，油漆涂饰施工应当果断，不能在原地反复涂饰以求平整，油漆涂饰的平整度主要依靠基层处理与后期打磨，单凭涂刷只能获得随机效果，平整度得不到校正，只有经过打磨才能保证完全平整，因此，涂刷施工应当反复且全面。

基层与油漆施工一览●大家来对比●　　　　　（以下价格包含人工费、辅材与主材）

品　种		性 能 特 点	用　途	价　格
	墙顶面抹灰	强度高，具有耐候性，能保护砌筑构造，厚度较大	砖砌隔墙、构造表面找平	40~50元／m²

品 种		性 能 特 点	用 途	价 格
	自流平水泥	强度适中，能自流平整，表面光洁，不耐磨，需要覆盖饰面材料	混凝土或水泥砂浆地面找平	60~80元／m²
	清漆涂饰	呈透明状，表面结膜性较好，干燥较快，封闭性强，有效保护木质构造	木质饰面构造涂饰	40~50元／m²
	混漆涂饰	呈不透明状，表面结膜性较好，干燥较快，封闭性强，有效保护木质构造	木质、金属、墙壁饰面构造涂饰	40~50元／m²
	硝基漆涂饰	呈不透明状，表面平整、光滑，结膜性较好，干燥较慢，需要多次施工才具有遮盖性	木质、金属、墙壁饰面构造涂饰	100~120元／m²

6.3 涂料涂饰

操作难度 ★★★★★

乳胶漆涂饰　真石漆涂饰　硅藻涂料涂饰　彩绘墙面制作

涂料施工面积较大，主要涂刷在墙面、顶面等大面积界面上，要求涂装平整、无缝，涂料具有遮盖性，能完全变更原始构造的色彩，是家居装修装修必备的施工工艺。目前，常见的涂料施工主要包括乳胶漆涂饰、真石漆涂饰、硅藻涂料涂饰等3种，各自具有代表性，其基层处理基本相同（图6-38）。

6.3.1 乳胶漆涂饰

乳胶漆在家装中的涂饰面积最大，用量最大，是整个涂饰工程的重点。乳胶漆主要涂刷于室内墙面、顶面与装饰构造表面，还可以根据设计要求作调色应用，变幻效果丰富（图6-39）。

1. 施工方法

（1）清理涂饰基层表面，对墙面、顶面不平整的部位填补石膏粉腻子，采用封边条粘贴墙角与接缝处（图6-40和图6-41），用240号砂纸将界面打磨平整。

（2）对涂刷基层表面作第1遍满刮腻子，修补细微凹陷部位，待干后采用360号砂纸打磨平整，满刮第2遍腻子，仍采用360号砂纸打磨平整。

151

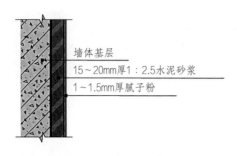

墙体基层
15～20mm厚1：2.5水泥砂浆
1～1.5mm厚腻子粉

图6-38　涂料涂饰基层构造示意

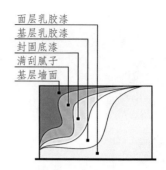

面层乳胶漆
基层乳胶漆
封固底漆
满刮腻子
基层墙面

图6-39　乳胶漆施工构造示意

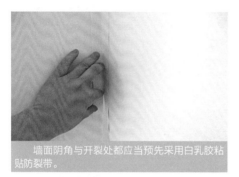

墙面阴角与开裂处都应当预先采用白乳胶粘贴防裂带。

图6-40　粘贴封边带

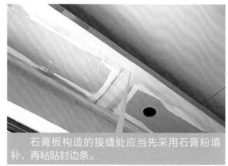

石膏板构造的接缝处应当先采用石膏粉填补，再粘贴封边条。

图6-41　石膏板吊顶封边

（3）根据界面特性选择涂刷封固底漆，复补腻子磨平，整体涂刷第1遍乳胶漆，待干后复补腻子，使用360号砂纸打磨平整。

（4）整体涂刷第2遍乳胶漆，待干后使用360号砂纸打磨平整，养护。

2. 施工要点

（1）基层处理是保证施工质量的关键环节，采用石膏粉加水调和成较黏稠的石膏灰浆，涂抹至墙、顶面线槽封闭部位，将水泥砂浆修补的线槽修补平整（图6-42）。

（2）石膏粉修补完成后，应在石膏板接缝处粘贴防裂胶带，遮盖缝隙。木质材料与墙体之间的接缝应粘贴防裂纤维网，

必要时可根据实际情况对整面墙挂贴防裂纤维网，这样能有效防止墙体开裂。

（3）墙、顶面满刮腻子是必备基层处理工艺，现在多采用成品腻子加水调和成较黏稠的腻子灰浆，全面刮涂在墙、顶面上。对于已经涂饰过乳胶漆的

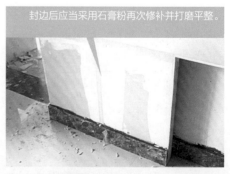

封边后应当采用石膏粉再次修补并打磨平整。

图6-42　石膏粉修补

膩子粉調和應當均勻細膩,無結塊或粉團,採用鏟刀與刮刀將其取出。

图6-43 膩子調和

阳角部位應當先粘貼護角邊條,再刮涂膩子將其封閉。

图6-45 增加護角

满刮膩子時應採用刮刀施工,保持界面平整、細膩。

图6-44 满挂膩子

待膩子完全干燥后,採用砂紙打磨,打磨時應用燈光照射,檢查平整度。

图6-46 打磨

墙面,應用360号砂紙打磨后再刮涂(图6-43~图6-46)。

(4)膩子應與乳胶漆性能配套,最好使用成品膩子,膩子應堅實牢固,不能粉化、起皮、裂纹。卫生間等潮湿处要使用耐水膩子,膩子要充分攪匀,黏度太大可適當加水,黏度小可加增稠剂。施工温度應高于10℃,室内不能有大量灰尘,最好避开雨天施工。

(5)对于已经刮涂过膩子的墙、顶面,可以根据实际平整度刮涂1遍。对于水泥砂浆抹灰墙面,要达到平整效果,最少應满刮2遍膩子,直至满足标准要求。保证墙体完全干透是最基本的条件,基层处理后一般應放置10天以上,採用

360号砂紙打磨平整(图6-47)。

(6)如果需对乳胶漆进行调色,應预先准确计算各种颜色乳胶漆的用量,对加入的色彩颜料均匀搅拌,自主调色可以採用广告水粉颜料,适合局部墙面涂饰(图6-48和图6-49)。如果用量较大,應到厂商指定的乳胶漆专卖店调配。

(7)乳胶漆涂刷的施工方法應该採用刷涂、滚涂与喷涂相结合。涂刷时應连续迅速操作,一次刷完。涂刷乳胶漆时應均匀,不能有漏刷、流附等现象。涂刷1遍,打磨1遍,一般應具备两个轮回。对于非常潮湿、干燥的界面應该涂刷封固底漆。涂刷第2遍乳胶漆之前,應该根据现场环境与乳胶漆质量对乳胶漆加水稀

针对局部不平整的部位应当再次修补腻子。

图6-47　腻子修补

最简单的调色方式是采用水粉画颜料加水搅拌均匀，使其完全溶解。

图6-48　颜料稀释

将颜料倒入乳胶漆容器后采用搅拌机搅拌均匀。

图6-49　乳胶漆搅拌

将调配好的彩色乳胶漆试涂在墙面低处，观察色彩效果，及时校正调色。

图6-50　试涂

释，第2遍乳胶漆涂饰完成后不再进行打磨。中档乳胶漆用量为12～18m²/L（图6-50～图6-54）。

6.3.2　真石漆涂饰

真石漆原来一直用于建筑外墙装饰，现在也开始用于室内家居装修了，主要用于各种背景墙局部涂饰。真石漆涂饰采用喷涂工艺，需要配置空气压缩机、喷枪和各种口径喷嘴。

1. 施工方法

（1）清理涂饰基层表面，具体施工

采用滚筒滚涂墙面乳胶漆，墙顶面边缘应当保留空白，避免彩色乳胶漆沾染顶面。

图6-51　乳胶漆滚涂

边角部位采用板刷刷涂，严格控制刷涂面积，避免沾染其他部位。

图6-52　边角刷涂

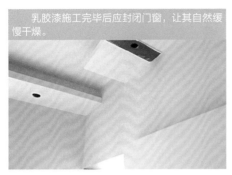

乳胶漆施工完毕后应封闭门窗，让其自然缓慢干燥。

图6-53 乳胶漆涂饰完毕

待乳胶漆完全干燥后再揭开边缘的封边条，揭开速度应当缓慢均衡。

图6-54 揭开边条

方法与上述乳胶漆涂饰一致。

（2）满刮腻子后对墙面进行毛面处理，待腻子干燥至50%时采用刮板在墙面压出凸凹面。

（3）根据界面特性选择涂刷封固底漆，复补腻子，整体喷涂第1遍真石漆。

（4）待干后再喷涂第2遍真石漆，待干后采用360号砂纸打磨平整，并喷涂2遍清漆罩光，养护7天。

2. 施工要点

（1）墙面基层处理与乳胶漆施工一致，只是涂刮最后1遍腻子完成后，要对涂刮界面进行毛面处理，以增加真石漆喷涂的吸附力度，可选用成品凸凹刮板，或将刮板在未完全干燥的腻子表面平整按压后立即拔开，这样能形成较明显的凸凹面。

（2）由于真石漆质地较厚重，喷涂后可能会产生挂流现象，可以在墙面上预先设置横向伸缩缝，伸缩缝深度与宽度均为5~10mm，伸缩缝间距小于800mm。同时这也能防止施工后墙面发生开裂。

（3）真石漆施工前应涂刷封固底漆，干燥12h后才能进行真石漆施工，封固底漆应采用真石漆的配套产品，如果没有配套产品，也可以采用乳胶漆的封固底漆替代（图6-55）。

（4）打开真石漆包装后，应充分搅拌均匀，搅拌时间应不低于5min，搅拌后应立即将涂料装入喷枪储存容器中，进行喷涂，避免因延时而导致沉淀。

（5）喷涂真石漆要选用真石漆喷枪，空气压力控制在4~7kg/cm^2，施工温度10℃以上，喷涂厚度约2~3mm，如需喷涂2~3遍，则需间隔2h以上，完全干燥24h后方可打磨（图6-56）。

（6）打磨一般采用400~600号砂纸，轻轻抹平真石漆表面凸起的砂粒即可，注意用力不可太猛，否则会破坏漆膜，引起底部松动，严重时会造成附着力不良，导致真石漆脱落（图6-57）。

（7）真石漆不适合顶面喷涂，容易引起挂流或脱落。最后喷涂清漆可选用聚酯清漆或水性清漆，一般喷涂2遍，间隔2h，完全干燥需要7天左右（图6-58）。

在涂装界面基层预先满刮腻子，并涂饰封闭底漆，保持墙面基层干燥稳固且具有一定粗糙度。

图6-55　滚涂封闭底漆

将真石漆调和后装入喷漆储料罐，对墙面进行喷涂，保持500mm间距。

图6-56　真石漆喷涂

待完全干燥后，采用砂纸将表面打磨平整。

图6-57　打磨

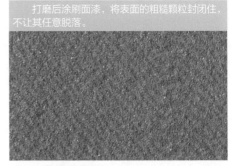

打磨后涂刷面漆，将表面的粗糙颗粒封闭住，不让其任意脱落。

图6-58　刷涂面漆

6.3.3　硅藻涂料涂饰

硅藻涂料是一种新型墙面装饰材料，涂饰后墙面具有一定弹性，肌理与色彩效果丰富，能吸附装修中产生的异味，属于绿色环保材料。硅藻涂料的涂饰工艺比较简单，经销商会提供配套工具，不少业主可以自主施工。

1. 施工方法

（1）清理涂饰基层表面，具体施工方法与上述乳胶漆涂饰一致。

（2）满刮腻子后对墙面进行毛面处理，待腻子干燥至50%时采用刮板在墙面压出凸凹面。

（3）根据界面特性选择涂刷封固底漆，复补腻子，加水搅拌调和硅藻涂料（图6-59和图6-60）。

（4）将硅藻涂料涂抹至墙面，使用滚筒与刮板刮平，养护7天。

2. 施工要点

（1）墙面基层处理与乳胶漆施工一致，只是涂刮最后1遍腻子完成后，要对涂刮界面进行毛面处理，以增加硅藻涂料的吸附力度，可选用成品凸凹刮板，或将刮板在未完全干燥的腻子表面平整按压后立即拔开，这样能形成较明显的凸凹面。

（2）由于硅藻涂料质地轻盈，为了防止墙面基层开裂与阳角破损，最好在涂刮腻子前在墙面满挂防裂纤维网，必

图中文字：硅藻涂料与水的比例应当严格根据产品的说明书来配置，搅拌应当均匀。

图6-59　硅藻涂料调和

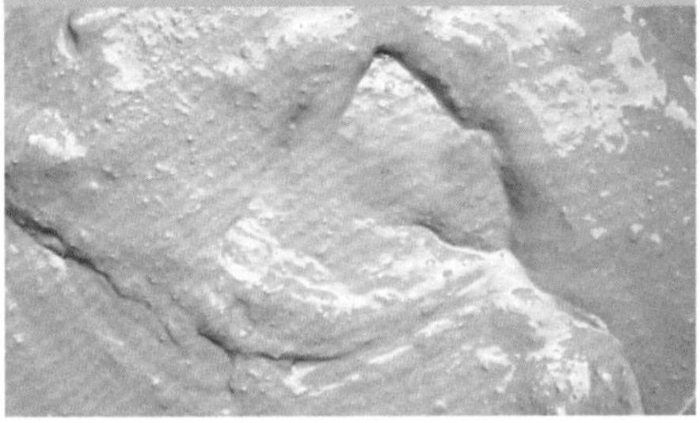

图中文字：搅拌后的硅藻泥应当均匀、黏稠，无粉团与结块，特别黏手。

图6-60　静置

要时可以在墙面阳角部位预埋护角边条，能有效防止施工后墙面发生开裂与破损（图6-61）。

（3）硅藻涂料施工前应涂刷封固低漆，干燥12h后才能进行硅藻涂料施工，封固低漆应采用硅藻涂料的配套产品，如果没有配套产品，也可以采用乳胶漆的封固底漆替代。

（4）打开硅藻涂料包装后，应加水充分搅拌均匀，加水量应根据产品包装说明一次性加足，搅拌时间应不低于10min，搅拌后应立即涂抹，避免因延时而导致干燥。

（5）涂抹硅藻涂料应采用厂商提供的配套滚筒与刮板施工，第1遍滚涂厚度一般为5mm，待完全干燥后滚涂第2遍，第2遍厚度应小于5mm（图6-62）。

（6）可以根据需要，采用刮板在墙面刮出不同的肌理效果。刮涂时不能用力按压，用力不可太猛，避免局部脱落，刮涂完毕后应及时修补残缺或厚薄不均的部位。

（7）硅藻涂料不适合顶面喷涂，容易引起挂流或脱落。施工后无需涂饰罩面漆，完全干燥需要7天左右。在干燥过程中应当喷水润湿，使基层与表面同步干燥（图6-63和图6-64）。

图中文字：在界面阳角部位应当预先粘贴护角边条，采用硅藻泥封闭表面。

图6-61　修饰护角

图中文字：满墙刮涂待略干后可以使用成型刮板对墙面进行图案肌理塑造。

图6-62　满刮墙面

6.3.4 彩绘墙面制作

彩绘墙面是近年来比较流行的家居装修手法，它在乳胶漆涂饰的基础上采用丙烯颜料对墙面作彩色绘画，能表现出业主独特的审美倾向，它能将家居装修的个性化发挥至极。一般的装饰墙面制作都由专业的经销商承包，价格较高，但是操作方法却不难，有一定美术基础的业主或涂饰施工员也可以自主操作。彩绘墙的绘制手法多种多样，绘制内容却不雷同，受到各阶层的喜爱，下面介绍一种最简单的彩绘墙面制作方法。

1. 施工流程

（1）对绘制墙面作基层处理，进行乳胶漆涂饰施工，为彩绘打好基础（图6-65）。

（2）在计算机上选择并编排彩绘图案，打印成样稿，根据样稿选配颜色和绘制工具（图6-66）。

（3）根据打印样稿，使用铅笔或粉笔在墙面上作等比例定位，绘制轮廓，标记涂饰色彩的区域（图6-67）。

（4）参考打印样稿，使用大、中、小号的毛笔或排笔，将经过调配的丙烯颜料仔细绘制到墙面上，修整养护。

2. 施工要点

（1）彩绘墙面的绘制基础一般为乳胶漆界面，乳胶漆施工方法可参考本章相关内容。

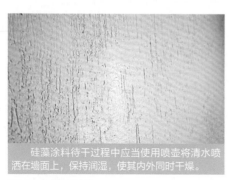
硅藻涂料待干过程中应当使用喷壶将清水喷洒在墙面上，保持润湿，使其内外同时干燥。

图6-63　湿水养护

施工完毕待干后应当仔细检查边角部位，并作修饰、清洁。

图6-64　硅藻涂料涂饰完毕

将乳胶漆涂饰后且完全干燥的墙面清理干净，采用抹布擦除灰尘。

图6-65　清理墙面

在计算机制图软件中设计绘制需要的图样，或在网上下载图样。

图6-66　计算机制图

对照图样在界面上绘制基本轮廓，采用铅笔绘制即可，用力较轻。

图6-67　勾勒轮廓

采用笔刷在调色盘上调和丙烯颜料，调色量。

图6-68　调和颜料

（2）彩绘墙面的图案和色彩要服从整体设计风格，中式风格的图案色彩一般以黑色、红色、金色为主，图案主要来源于中国传统纹样。现代简约风格多为经过处理的艳丽色彩和抽象图案，图案比较写实。欧式古典风格的彩绘比较中性、低调，图案主要来源于古典欧式装饰符号，来配合欧式家具、墙角线的表现。

（3）一般不对整个房间全部彩绘图案，只是选择一面主题墙作绘制，这样会给人带来非常大的视觉冲击力，效果突出，印象深刻。另一种是针对特殊空间进行绘制，例如，阳光房可以在局部绘制与太阳、花鸟为主题的图案，在楼梯间绘制一棵大树等。还有一种是属于点睛类型，在开关座、空调管等局部画上精制的花朵、自然的树叶，往往能带来意想不到的效果。

（4）彩绘墙的制作方法虽然简单，但是对制作者的绘画功底有一定要求，需要配置齐全各种材料。绘制时，下笔不能时轻时重，或将颜料调配得太稠，

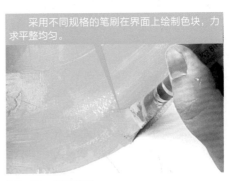

采用不同规格的笔刷在界面上绘制色块，力求平整均匀。

图6-69　墙面绘制

控制好勾线的力度，保持力量均匀（图6-68）。

（5）绘制时要时刻补充稀释剂，保持线条润滑（图6-69）。换色时要将笔刷清洗干净，以免渗色污染墙面，如果画错了线条，不要急于擦拭，待颜料干后用砂纸打磨，再用墙面原始色乳胶漆遮盖，因此，在乳胶漆涂饰施工完毕后，最好要保留一部分原始色乳胶漆备用。

（6）如果绘制界面为木质材料，应在绘制完成并且颜料完全干燥后再涂饰2遍聚酯清漆或水性清漆。乳胶漆界面可无需再增加面层施工（图6-70）。

绘制完成后应当静置待干，封闭门窗防止水分蒸发过快而干裂。

图6-70 彩绘墙面制作完毕

★家装小贴士★

丙烯颜料

丙烯颜料属于人工合成的聚合颜料，采用颜料粉与丙烯酸乳胶调和而成。丙烯颜料有很多种类，如亚光丙烯颜料、半亚光丙烯颜料和光亮丙烯颜料，以及丙烯亚光油、上光油、塑型软膏等各种辅材。

丙烯颜料可用水稀释，利于清洗。颜料在落笔后几分钟即可干燥，喜欢慢干特性颜料的画家可用延缓剂来延缓颜料干燥时间。丙烯颜料着色层干燥后会迅速失去可溶性，同时形成坚韧、有弹性且不渗水的膜。这种膜的质地类似于橡胶。丙烯颜料的颜色要饱满、浓重、鲜润，无论怎样调和都不会有"脏"、"灰"的感觉，着色层永远不会有吸油发污的现象。丙烯颜料的彩绘作品的持久性较长，不会脆化，不会发黄。丙烯塑型软膏中有含颗粒型，且有粗颗粒与细颗粒之分，为制作肌理提供了方便。此外，丙烯颜料无毒，对人体不会造成伤害。

识别选购方法

涂料涂饰施工对界面的平整度要求较高，基层处理应非常平整，刮涂腻子应当均匀、细腻，经过打磨后才能进行正式施工。涂料的干燥速度与气候相关，不宜在特别潮湿或特别干燥的季节施工，施工完成后应注意养护，应当将门窗封闭养护，防止水分蒸发过快而干裂，不能碰撞涂饰界面。

涂料施工一览●大家来对比●　　　　　　　（以下价格包含人工费、辅材与主材）

品 种	性 能 特 点	用 途	价 格
乳胶漆涂饰	表面平整，可以随时调色，结膜性好，成本低廉	室内墙面、顶面、构造等界面装饰	20~30元 / m²

品　种	性 能 特 点	用　途	价　格
真石漆涂饰	表面粗糙，具有质感，能有效保护墙面，色彩纹理丰富，成本较高	室外墙面、构造界面装饰，室内局部界面装饰	60~80元/m²
硅藻涂料涂饰	具有一定弹性，色彩、肌理、纹样丰富，能根据设计风格创意变化，成本较高	室内墙面、顶面、构造等界面装饰	60~80元/m²
彩绘墙面制作	装饰效果较好，彩绘主题多样，与墙面形体统一创意，材料成本低，人工费较高	室内主题墙、背景墙、构造等局部界面装饰	150~200元/m²

6.4 壁纸施工

操作难度 ★★★★★

常规壁纸铺装　液体壁纸施工

壁纸属于高档墙面装饰材料，壁纸铺装对于施工员的技术水平要求较高，需要有一定的施工经验，施工质量要求平整、无缝。下面介绍常规壁纸与液体壁纸的施工方法。

6.4.1 常规壁纸铺装

常规壁纸是指传统的纸质壁纸、塑料壁纸、纤维壁纸等材料，常规壁纸的基层一般为纸浆，与壁纸胶接触后粘贴效果较好，壁纸铺装粘贴工艺复杂，成本高，应该严谨对待（图6-71和图6-72）。

1. 施工方法

（1）清理涂饰基层表面，对墙面、顶面不平整的部位填补石膏粉，并用240号砂纸对界面打磨平整。

（2）对涂刷基层表面作第1遍满刮腻子，修补细微凹陷部位，待干后采用360号砂纸打磨平整，满刮第2遍腻子，仍采用360号砂纸打磨平整，对壁纸粘贴界面涂刷封固底漆，复补腻子磨平。

（3）在墙面上放线定位，展开壁纸检查花纹、对缝、裁切，设计粘贴方案，对壁纸、墙面涂刷专用壁纸胶，上墙对齐粘贴。

（4）赶压壁纸中可能出现的气泡，严谨对花、拼缝，擦净多余壁纸胶，修整养护7天。

2. 施工要点

（1）基层处理时，必须清理干净、

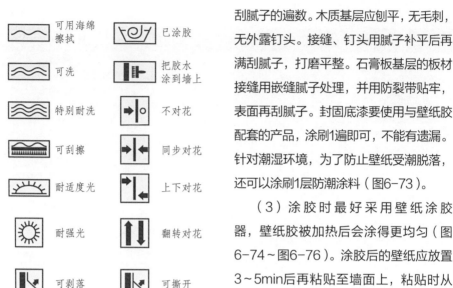

可用海绵擦拭

可洗

特别耐洗

可刮擦

耐适度光

耐强光

可剥落

已涂胶

把胶水涂到墙上

不对花

同步对花

上下对花

翻转对花

可撕开

国际优质环保
国际质量体系认证

图6-71 壁纸包装标识

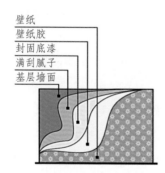

壁纸
壁纸胶
封固底漆
满刮腻子
基层墙面

图6-72 常规壁纸铺装构造示意

平整、光滑，防潮涂料应涂刷均匀，不宜太厚。墙面基层含水率应小于8%。墙面平整度要用2m长的水平尺检查，高低差应小于2mm。

（2）混凝土与抹灰基层的墙面应清扫干净，将表面裂缝、凹陷不平处用腻子找平后再满刮腻子，打磨平。根据需要决定

刮腻子的遍数。木质基层应刨平，无毛刺，无外露钉头。接缝、钉头用腻子补平后再满刮腻子，打磨平整。石膏板基层的板材接缝用嵌缝腻子处理，并用防裂带贴牢，表面再刮腻子。封固底漆要使用与壁纸胶配套的产品，涂刷1遍即可，不能有遗漏。针对潮湿环境，为了防止壁纸受潮脱落，还可以涂刷1层防潮涂料（图6-73）。

（3）涂胶时最好采用壁纸涂胶器，壁纸胶被加热后会涂得更均匀（图6-74～图6-76）。涂胶后的壁纸应放置3～5min后再粘贴至墙面上，粘贴时从上向下施工，先赶压中央，再先周边压平。接缝处应无任何缝隙，应戴手套施工，避免壁纸受到污染。注意保留开关面板、灯具的开口位置，用裁纸刀仔细切割墙面设备开口。

（4）粘贴壁纸前要弹垂直线与水平线，拼缝时先对图案、后拼缝，使上下图案吻合。保证壁纸、壁布横平竖直、图案正确的依据。不能在阳角处拼缝，壁纸要包裹阳角50mm以上（图6-77～图6-80）。

（5）塑料壁纸遇水后会膨胀，因此要用水将纸润湿，使塑料壁纸充分膨胀。纤维基材的壁纸遇水无伸缩，无需润纸，复合纸壁纸与纺织纤维壁纸也不宜润水。裱贴玻璃纤维壁纸与无纺壁纸时，背面不能刷胶粘剂，将胶粘剂刷在墙面基层上，因为该类型壁纸有细小孔隙，壁纸胶会渗透表面而出现胶痕，影响美观。全布艺面料壁纸应采用白乳胶铺贴，无

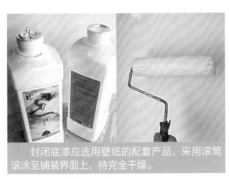

封闭底漆应选用壁纸的配套产品，采用滚筒滚涂至铺装界面上，待完全干燥。

图6-73　滚涂封闭底漆

壁纸胶的品种较多，调配时加水即可，要根据包装说明来配置比例。

图6-74　调配壁纸胶

将调配好的壁纸胶静置10min后均匀倒入涂胶器。

图6-75　倒入涂胶器

将壁纸逐步匀速推拉，壁纸胶即会均匀涂至壁纸背面。

图6-76　壁纸涂胶

将壁纸上墙铺贴，特别注意对花的位置，应当无接缝、无错位。

图6-77　上墙对花

采用刮板将对齐后的壁纸刮平，速度要快，如有未对齐，可以及时移动。

图6-78　赶压平整

将端头多余壁纸裁切，美工刀应当保持时刻锐利。

图6-79　裁切边缘

边角部位应当先用刮板刮平对齐，再用美工刀顺着构造裁切。

图6-80　边角裁切

需润水。

（6）粘贴壁纸后，要及时赶压出周边的壁纸胶，不能留有气泡，挤出的胶要及时擦干净，修整养护7天（图6-81～图6-84）。

6.4.2 液体壁纸施工

液体壁纸其实一种可以变化颜色、图案、肌理的涂料，装饰效果独特，施工方法自由随意，对于工艺没有常规壁纸那么严格，很多业主都能根据厂商提供的配套工具与说明图册进行施工（图6-85）。

1. 施工方法

（1）清理涂饰基层表面，对墙面、顶面不平整的部位填补石膏粉，具体处

理方法、要求与上述常规壁纸施工一致。

（2）采用刷涂或滚涂工艺，将基层液体壁纸涂料涂饰到墙面，施工方法与乳胶漆涂饰一致，待干后进行局部修补（图6-86和图6-87）。

（3）采用厂商提供的滚压模具，注入不同颜色的液体壁纸涂料，在墙面上滚涂，或采用印花模板，将不同颜色的液体壁纸涂料按先后顺序刮涂至墙面（图6-88和图6-89）。

（4）采用尼龙笔刷对滚花或印花涂料进行局部修补，待干后养护7天（图6-90）。

2. 施工要点

（1）液体壁纸的基层施工方法与要点与常规壁纸一致，仍要注重墙面的平

将壁纸中的气泡赶压出来，时刻保持对花整齐。

图6-81 赶压气泡

采用抹布将壁纸接缝处的多余壁纸胶擦干净，并将壁纸压平。

图6-82 清理表面

待壁纸干燥后再裁切电源面板或其他开口部位，裁切同时应当用刮板刮平。

图6-83 裁切电源面板位置

壁纸铺装完毕后应当封闭门窗养护，避免快速干燥后导致脱落或起泡。

图6-84 壁纸铺装完毕

打开包装，查看液体壁纸材料的色彩与数量。

图6-85　打开包装

根据包装说明进行调配，搅拌应当均匀，调和后应当静置10min。

图6-86　调和均匀

喷涂方法与真石漆施工一致，尽量保持均匀。

图6-87　底层喷涂

采用模具将液体壁纸颜料刮至界面上应，赶压要有力，保证颜料能完全渗透至模板背后，注意对花整齐且无错缝。

图6-88　模具刮涂

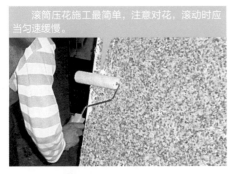

滚筒压花施工最简单，注意对花，滚动时应当匀速缓慢。

图6-89　滚筒压花

液体壁纸施工完毕后不能按压，养护方式与乳胶漆一致。

图6-90　液体壁纸施工完毕

整度与清洁度。

（2）选购液体壁纸产品时，应对照厂商提供的参考图册，同时选购配套工具，高档品牌产品会附送施工与工具。任何液体壁纸产品在选购时就应当确定最终的施工效果。

（3）第1遍涂装施工应采用滚涂的方式，将基层彩色涂料均匀、平整地涂装至界面上，待完全干燥后，才能进行第2遍涂饰。

（4）大多数液体壁纸产品的第2遍涂装材料与第1遍相同，只是颜色不同。施工时应定位放线，标出涂装位置，可以采用铅笔作放线标记，施工完成后再用橡皮擦除。

（5）滚花施工是指采用专用滚花筒将涂料滚印在界面上，滚印时从下向上，从左向右施工，对齐接缝，每段滚印的高度不超过1m（图6-91）。对于以局部装饰为主的液体壁纸，可以采取压印刮涂的方式施工，将配套模具固定在界面上，用刮板将第2遍涂装材料刮入模具纹理中，用于刮涂的材料黏稠度应较高，不应有流挂现象（图6-92）。

（6）液体壁纸的施工方式多样，无论是滚涂，还是刮涂，施工完毕后总会有残缺，可用尼龙笔刷作局部修饰，养护7天。

家装妙语	壁纸能修补墙体，是家庭的"守护神"，温馨的图案能调节生活情调，怡人的质感能塑造亲密氛围。

滚筒的花形品种很多，价格较低，一套住宅可以选购2~3种。

图6-91 滚筒

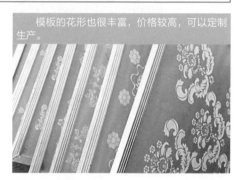

模板的花形也很丰富，价格较高，可以定制生产。

图6-92 模板

识别选购方法

常规壁纸施工讲究精雕细琢，对接缝的处理要求特别高，应当严密对齐，不留丝毫缝隙。粘贴后应用刮板及时赶压出气泡，养护期间仍要注意气泡的生成，及时处理。液体壁纸要注重后期的修饰，任何施工方式都会对表面花纹造成残缺，应及时用同色涂料修补。

壁纸施工一览●大家来对比● 　　　　　　　　　（以下价格包含人工费、辅材与主材）

品　种		性 能 特 点	用　途	价　格
	常规壁纸铺装	花色品种繁多，图案纹理具有很强的装饰效果，质地单薄，易脱落，施工成本适中	墙顶面、家具、构造等界面装饰	30~50mm²
	液体壁纸施工	模具品种繁多，颜色种类较少，平整度好，需要精心搭配，施工成本较高	墙顶面、家具、构造等界面装饰	60~100mm²

07

安装施工
Installation Process

　　安装工程又称为收尾工程，是全套装修的最后步骤，在前期装修中涉及的水电、木构等施工员都应如期到场作最后收尾工作，主要安装各种灯具、洁具、设备、门窗、家具、地面等。施工现场十分繁忙，一般安装顺序为从上至下，由内到外进行，保护好已经完成的装饰构造，需要有条不紊地组织施工。

在家居装修后期，所有能表现装修效果的构造会逐步呈现出来，这些构造需要经过精心安装。安装施工是整个家居装修的点睛之笔，精致的灯具、电器、设备、饰品等是衬托温馨生活的重要组成部分。

本章
导读

进入到安装施工阶段，很多业主都会松一口气，其后的进程就会放缓，集中几个休息日就能将整个装修收尾。安装施工往往同步施工为佳，不同施工员在施工现场能相互协助，加快施工进度，如水路安装、电路安装、设备安装等都可以同时进场。安装施工的重要环节在于保洁，安装过程应当保持墙顶面、家具构造饰面的清洁卫生，避免破坏已经完工的装修构造。安装施工还会产生大量纸箱、塑料袋、泡沫海绵等包装垃圾，应当及时清运出场，以免占据空间，干扰施工（图7-1）。

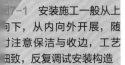

图7-1　安装施工一般从上
向下，从内向外开展，随
时注意保洁与收边，工艺
细致，反复调试安装构造

7.1 电路安装

操作难度 ★★★★★

顶灯安装　壁灯安装　灯带安装　开关插座面板安装

　　灯具的样式很多，虽然安装方法基本一致，但是操作细节却完全不同，特别应注意客厅、餐厅大型吊灯的组装工艺，最好购买带有组装说明书的中、高档产品。下面分别介绍顶灯、壁灯、灯带与开关插座面板的安装方法，它们有着普遍的共同点（图7-2）。

7.1.1　顶灯安装

　　顶灯即是安装在家居空间顶面的灯具，一般包括吸顶灯、装饰吊灯等，随着灯具造型的变化与发展，很难区分吸顶灯与装饰吊灯的差异，一般都是在地面或工作台上将灯具分步骤组装好，再安装到顶面。

　　1. 施工方法

　　（1）处理电源线接口，将布置好的电线终端按需求剪切平整，打开灯具包装查看配件是否齐全，并检验灯具工作是否正常（图7-3）。

　　（2）根据设计要求，在安装顶面上放线定位，确定安装基点，使用电锤钻孔，并放置预埋件。

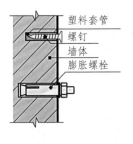

塑料套管
螺钉
墙体
膨胀螺栓

图7-2　螺钉与膨胀螺栓安装构造示意

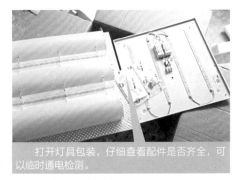

打开灯具包装，仔细查看配件是否齐全，可以临时通电检测。

图7-3　打开灯具包装

169

（3）将灯具在地面或工作台上分部件组装好，从上向下依次安装灯具，同时安装电线，接通电源进行测试调整。

（4）将灯具上的固定件紧固到位，安装外部装饰配件，清理施工现场。

2. 施工要点

（1）顶灯安装前应熟悉灯具产品配件，应选购带有安装说明书的正规产品，检查灯具型号、规格、数量是否符合设计规范要求。

（2）顶面放线定位应准确，大多数顶灯安装在顶面正中央，可以采取连接对角线的方式确定顶面的正中心位置，用铅笔作标记即可，避免污染顶面已经完工的涂饰界面（图7-4）。

（3）安装电气照明装置一般采用预埋接线盒、吊钩、螺钉、膨胀螺栓或膨胀螺钉等固定方法，严禁使用木楔固定，每个顶灯用于固定的螺栓应不少于3个（图7-5～图7-7）。

（4）顶灯在易燃结构、装饰吊顶或木质家具上安装时，灯具周围应采取防火隔热措施，并选用冷光源的灯具。

（5）灯具安装后高度小于2.4m的灯具，金属外壳均应接地，保证使用安全。灯具安装后高度小于1.8m灯具，其配套开关手柄不应有裸露的金属部分（图7-8）。

（6）在卫生间、厨房装矮脚灯头时，宜采用瓷螺口矮脚灯头，螺口灯头的零线、火线（开关线）应接在中心触点端

在顶面测量尺寸，再次确定灯具的安装位置。

图7-4 测量定位

根据安装位置变动电线，对长度不足的电线进行延长，采用电工胶带缠绕接线部位。

图7-5 电线移位

根据定位在顶面钻孔，并在孔中放置塑料钉卡。

图7-6 钻孔

将电线插入灯具的接线端子中，插接应当紧密无松动。

图7-7 安装电路

子上，零线接在螺纹端子上（图7-9～图7-11）。

（7）当灯具重量大于3kg时，应在顶面楼板上钻孔，预埋膨胀螺栓固定安装。吊顶或墙板内的暗线必须有阻燃套管保护。在装饰吊顶上安装各类灯具时，应按灯具安装说明的要求进行安装（图7-12和图7-13）。

7.1.2　壁灯安装

壁灯是指安装在家居空间墙面或构造侧面的灯具，一般包括壁灯、镜前灯、台灯等，随着灯具造型的变化与发展，很难区分壁灯、镜前灯、台灯的差异，

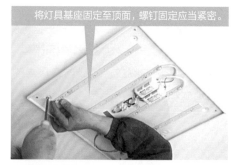

将灯具基座固定至顶面，螺钉固定应当紧密。

图7-8　固定灯具

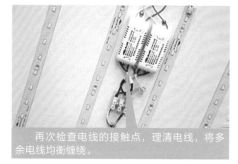

再次检查电线的接触点，理清电线，将多余电线均衡缠绕。

图7-9　接线

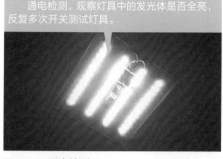

通电检测，观察灯具中的发光体是否全亮，反复多次开关测试灯具。

图7-10　通电检测

确认安装开关正常后将灯罩安装至基座上，将灯罩放置端正。

图7-11　顶灯安装完毕

玻璃吊灯的组装应当在地面完成，先在顶面安装基座与发光体，最后安装灯罩与装饰构件。

图7-12　花型吊灯

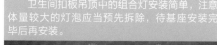

卫生间扣板吊顶中的组合灯安装简单，注意体量较大的灯泡应当预先拆除，待基座安装完毕后再安装。

图7-13　卫生间组合灯

一般都是在地面或工作台上将灯具分步骤组装好，再安装到墙面或构造侧面。

1. 施工方法

（1）处理电源线接口，将布置好的电线终端按需求剪切平整，打开灯具包装，查看配件是否齐全，并检验灯具工作是否正常。

（2）根据设计要求，在安装墙面或构造侧面上放线定位，确定安装基点，使用电锤钻孔，并放置预埋件（图7-14）。

（3）将灯具在地面或工作台上分部件组装好，从上向下依次安装灯具，同时安装电线，接通电源进行测试调整（图7-15~图7-17）。

（4）将灯具上的固定件紧固到位，安装外部装饰配件，清理施工现场（图7-18~图7-20）。

2. 施工要点

（1）壁灯安装方法和要求与上述顶灯一致，定位放线比较简单，但是要确定好安装高度与水平度，应采用水平尺校对安装支架或预埋件。

（2）壁灯安装的预埋件一般为膨胀螺钉，每个壁灯固定用的膨胀螺钉应不少于2个。壁灯在易燃结构、木质家具上安装时，灯具周围应采取防火隔热措施，并选用冷光源的灯具。墙板与家具内的暗线必须有阻燃套管保护。

（3）当灯具重量大于3kg时，仍需要采用预埋膨胀螺栓的方式固定，且不

壁灯较轻，安装较简单，但是钻孔应到位，不能人为减少孔洞。

图7-14　钻孔

固定螺钉不宜过紧，以免破坏造成壁灯基座变形，壁灯的基座能从侧面看到，影响美观。

图7-15　固定

将电线端头修剪整齐，长度一致，将铜心裸露出来。

图7-16　修剪电线端头

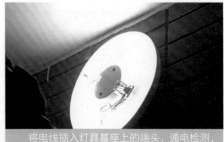

将电线插入灯具基座上的端头，通电检测，观察亮度与电源接触状况。

图7-17　通电检测

将多余电线整齐盘绕起来，在接头处缠绕电工胶布。

图7-18　固定电线

将灯具外罩安装至基座上，调整背后间隙与平整度。

图7-19　安装灯罩

安装完毕后擦除周边灰尘，保持灯具外观整洁。

图7-20　壁灯安装完毕

能直接安装在石膏板或胶合板隔墙上，应在墙体中制作固定支架与基层板材，这些都应与隔墙中的龙骨连接在一起。在砌筑墙体上安装这类大型灯具时，膨胀螺栓的安装深度应不超过墙体厚度的60%。

（4）不少吸顶灯的造型简洁，也可以安装在墙壁上，但是不能减少固定螺钉或螺栓的数量。固定壁灯的膨胀螺栓或膨胀螺栓孔洞要避免与墙体中的线管发生接触，两者之间的距离应大于20mm。

（5）壁灯安装完成后，不能在灯具上挂置任何物件，不能将壁灯当作其他

装饰构造的支撑点。

7.1.3　灯带安装

灯带是指安装在装饰吊顶或隔墙内侧的灯具，一般为LED软管灯带（图7-21）与T4型荧光灯管，通过吊顶或隔墙转折构造来反射光线，营造出柔和的灯光氛围。

1. 施工方法

（1）处理电源线接口，将布置好的电线终端按需求剪切平整，打开灯具包装，查看配件是否齐全，将灯具固定在构造内部。

（2）将灯具在地面或工作台上分部件组装好，从上向下依次安装灯具，同时安装电线，接通电源进行测试调整（图7-22和图7-23）。

（3）将灯具上的固定件紧固到位，安装外部装饰配件，清理施工现场。

2. 施工要点

（1）灯带安装方法与要求与上述顶灯、壁灯一致，无需定位放线，灯具长度应预先测量安装构造后，再按尺寸选购。

软管灯采用细钢丝绑在装饰构造内侧，布局均匀无弯曲。

图7-21　软管灯带

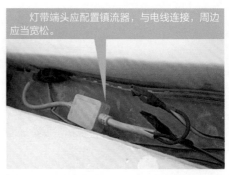

灯带端头应配置镇流器，与电线连接，周边应当宽松。

图7-22　安装镇流器

安装前或安装过程中应至少通电检测1次，确保安装后反复拆装。

图7-23　通电检测

在通电状态下仔细调整灯带的位置，这些都会影响发光的均衡效果。

图7-24　灯带安装完毕（一）

（2）组装灯带时应安装配套的镇流器，每1根独立开关控制的灯带都应配置1个镇流器。

（3）LED软管灯带连接好电线后，可以直接放置在吊顶凹槽内，从地面向上观望，应看不到灯具形态，灯具发光的效果应当均匀，不应过度弯曲，忽明忽暗。墙面灯槽内应安装固定卡口件，卡口件固定间距为500mm左右（图7-24）。

（4）T4型荧光灯管都带有基座与整流器，连接好电线后，应将基座正立在灯具凹槽内，每件T4型荧光灯管的基座应至少固定2个卡口件。T4型荧光灯管安装时应收尾紧密对接，排列整齐。从地面向上观望，应看不到灯具形态，灯

具发光的效果应当均匀（图7-25）。

（5）灯带安装完成后，应保持灯槽通风，不能在灯槽内填塞任何物件，进场清除灯槽内灰尘。

7.1.4　开关插座面板安装

在安装施工中，开关插座面板应当

安装完毕后，从外观上仔细检测灯光效果，再次调整均衡效果。

图7-25　灯带安装完毕（二）

待墙面涂饰与灯具安装完毕后再安装，是电路施工的最后组成部分。

1. 施工方法

（1）处理电源线接口，将布置好的电线终端按需求剪切平整，打开开关插座面板包装，查看配件是否齐全。

（2）将接线暗盒内部清理干净，将暗盒周边腻子与水泥砂浆残渣仔细铲除（图7-26）。

（3）将电线按设计要求与使用功能连接至开关插座面板背面的接线端口，连接后仔细检查安装顺序与连接逻辑，确认无误（图7-27～图7-29）。

（4）将多余电线弯折后放入接线暗盒中，扣上开关插座面板，采用螺钉固定，然后清理面板表面，通电检测。

2. 施工要点

（1）购置的开关插座面板应当与接线暗盒型号一致，不能相似而将就安装。

（2）仔细清理接线暗盒内部与周边的腻子与水泥砂浆残渣，采用毛刷与小平铲清除，注意不能破坏接线暗盒与电线。

（3）连接电线时，应先将电线拉出，裁剪掉多余部分，剩余长度为100mm左右即可，用剥线钳将电线端头绝缘层剥离，注意不能损伤电线，将电线铜心插入开关插座面板背后的接线端子，用螺丝刀紧固。多股铜心线接入端子时，应

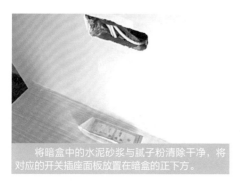

将暗盒中的水泥砂浆与腻子粉清除干净，将对应的开关插座面板放置在暗盒的正下方。

图7-26　清理暗盒

将过长的电线剪短，避免电线过长盘绕后占据暗盒内的空间。

图7-27　修剪多余电线

将电线端头的铜心剥出来，保持电线长度一致。

图7-28　露出铜心

将剩余电线端头制作短线，用于连接开关插座面板上的端子。

图7-29　制作短线接头

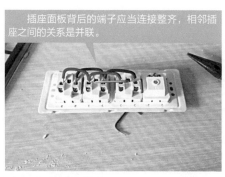

插座面板背后的端子应当连接整齐，相邻插座之间的关系是并联。

图7-30　连接插座面板

将初步连接好的开关插座面板放入暗盒中，待壁纸铺贴完毕后再固定。

图7-31　暂时置入暗盒

拧成麻花状，以增加电线与端子的接触面积。

（4）如果电线长度不足，则应当采用相同颜色与规格的电线衔接，衔接电线的长度应大于100mm，电线之间的接头应缠绕成麻花状，用绝缘胶布缠绕4~5圈固定。

（5）电线接入端子时，应仔细核对接入放线，按照面板背后接线端子上的标识接入零线、相线、地线。1条电源回路所连接的插座应不超过3个，凡是预留地线的部位都应当接入，不能空余（图7-30~图7-32）。

（6）在大功率电器与不设开关电器的接入插座旁应增设开关，这样能随时断电，既节能又安全。大功率电器是指空调、家庭影院、热水器等，不设开关电器是指路由器、防盗器等，还包括大部分冰箱、机顶盒、微波炉、感应灯等。

（7）安装开关插座面板时应采用配套螺钉，如果墙面铺贴瓷砖或其他较厚的装饰材料，应当重新购置更长的螺钉，而不能撬动接线暗盒。固定螺钉时应牢

壁纸铺贴后，将开关插座面板连接至电线上，确保面板能完全遮挡壁纸开口。

图7-32　连接电线

采用配套螺钉固定开关插座基层板，将外部装饰面板安装至基层板上。

图7-33　安装面板

固，不能存在松动现象，注意开关插座面板的水平度，不能歪斜（图7-33~图7-35）。

在墙面砖上安装开关插座面板应当采用加长螺钉，注意校正基层板的水平度。

图7-34　螺钉固定面板

待正式入住后再揭开金属板的表膜，防止磨损。

图7-35　揭开表膜

识别选购方法

灯具安装应由电路施工员操作，电线连接至灯具时要注意连接逻辑，仔细并反复检查连接是否存在错误，及时纠正，以免发生事故而带来不必要的损失。灯具与开关插座面板安装完成后，应按空气开关连接的回路逐一通电开关测试，确认无误后才能进行验收。

电路安装一览●大家来对比● 　（以下价格包含人工费、辅材，不含电路设备）

品　种	性能特点	用　途	价　格
顶灯安装	安装牢固、平整，需要精确测量、定位后安装	吊顶、吸顶灯安装	30~50元／个
壁灯安装	安装端正平直，外观配件接口细致，灯光照射均衡而不刺眼	壁灯、门前灯、镜前灯安装	20~40元／个
灯带安装	内部固定牢固，安装平直	吊顶、背景墙构造内部安装	3~5元／m
开关面板插座安装	安装牢固、平稳、无松动，线路连接正确	墙顶面、构造界面安装	5~20元／个

7.2 洁具安装

操作难度 ★★★★★

洗面盆安装 水槽安装 水箱安装
坐便器安装 浴缸安装 淋浴房安装
淋浴水阀安装

常用洁具一般包括洗面盆、水槽、蹲便器、坐便器、浴缸、淋浴房、水阀门等，形态、功能虽然各异，安装方法也不相同，重点在于找准给水与排水的位置，并连接密实，不能有任何渗水现象。洁具安装是水路施工的完成部分，需要仔细操作，杜绝渗水、漏水现象发生。

7.2.1 洗面盆安装

洗面盆是卫生间的标准洁具配置，形式较多，常见的洗面盆主要有台式、立柱式与成品柜体式3种，安装方法类似，且比较简单。

1. 施工方法

（1）检查给、排水口位置与通畅情况，打开洗面盆包装，查看配件是否齐全，精确测量给、排水口与洗面盆的尺寸数据。

（2）根据现场环境与设计要求预装洗面盆，进一步检查、调整管道位置，标记安装位置基线，确定安装基点（图7-36和图7-37）。

（3）从下向上逐个安装洗面盆配件，将洗面盆固定到位，并安装排水管道。

（4）安装给水阀门与连接软管，紧固排水口，进行供水测试，清理施工现场。

2. 施工要点

（1）确定洗面盆高度时，应结合使用者的身高来定，洗面盆上表面高度一般为750～900mm，具体高度应反复考虑。立柱式与成品柜体式洗面盆高度不足时，可以在底部砌筑台阶垫高。

（2）安装洗面盆时，构件应平整无损裂。洗面盆与排水管连接后应牢固密实，且便于拆卸，连接处不能敞口（图7-38～图7-40）。

（3）洗面盆上表面应保持水平，采用水平尺测量校正，无论是哪种洗面盆，都应当采用膨胀螺栓固定主体台盆，膨胀螺栓应不少于2个，悬挑成品柜体式洗面盆的膨胀螺栓应不少于4个。

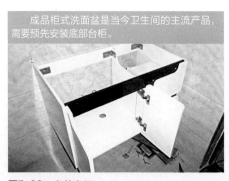

成品柜式洗面盆是当今卫生间的主流产品，需要预先安装底部台柜。

图7-36 安装台柜

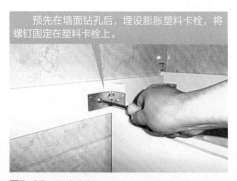

预先在墙面钻孔后，埋设膨胀塑料卡栓，将螺钉固定在塑料卡栓上。

图7-37 固定台柜

（4）对于现场制作台面的洗面盆应预先砌筑支撑构造，或采用型钢焊接支撑构件，采用膨胀螺栓固定在周边墙体上。型钢多采用边长60mm方钢与L60mm角钢。焊接构架上表面铺设18mm厚的天然石材。

配套梳妆镜与储物柜（图7-42和图7-43）。

7.2.2 水槽安装

水槽是厨房装修的重要构造，用于盥洗碗筷、果蔬，多采用不锈钢制作，排水配件较多，安装较复杂。

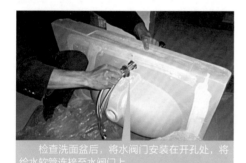

检查洗面盆后，将水阀门安装在开孔处，将给水软管连接至水阀门上。

图7-38 组装水阀

给水软管的另一端连接墙面给水管端头，也可以根据需要增设三角阀。

图7-39 连接软管（一）

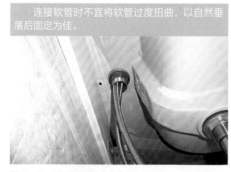

连接软管时不宜将软管过度扭曲，以自然垂落后固定为佳。

图7-40 连接软管（二）

将洗面台盆平稳放置在柜体上，靠墙的边缝处填补中性玻璃胶。

图7-41 安装面盆

（5）洗面盆与墙面接触部位应用中性硅酮玻璃胶嵌缝，安装时不能损坏洗面盆表面镀层。从洗面盆台面上方300mm至地面的所有墙面均应预先制作防水层，如没有制作防水层，应在墙面瓷砖缝隙处进一步填补防水勾缝剂（图7-41）。

（6）配件的安装顺序应从下向上，先安装排水配件，再安装水阀门，最后安装

1. 施工方法

（1）检查给、排水口位置与通畅情况，打开水槽包装，查看配件是否齐全，精确测量给、排水口与水槽的尺寸数据（图7-44）。

（2）根据现场环境与设计要求预装水槽，进一步检查、调整管道位置，标记安装位置基线，确定安装基点。

安装梳妆镜、壁柜等构造应当注意横平竖直，如有电路应当预留。

图7-42　安装梳妆镜与壁柜

洗面盆安装完毕后应当摆正水阀门的位置，并对水阀门进行固定。

图7-43　洗面盆安装完毕

仔细检查水槽产品的配件，任何缺失都会导致无法安装。

图7-44　检查水槽配件

将橱柜台面进行加工，根据水槽尺寸开设孔洞，并对边角修磨平整。

图7-45　加工橱柜台板

（3）从下向上逐个安装水槽配件，将水槽固定到位，并安装排水管道。

（4）安装给水阀门与连接软管，紧固排水口，进行供水测试，清理施工现场。

2．施工要点

（1）水槽都安装在橱柜台面上。橱柜台面应预先根据水槽尺寸开设孔洞，大小应刚好合适。水槽所处的石材台面下方应有板材作支撑，以免水槽盛满水后塌陷（图7-45和图7-46）。

（2）安装水槽时，构件应平整无损裂。水槽的排水管连接方式应根据不同产品来操作，应仔细阅读安装说明书后再安装，预装时不宜将各个部位紧固，要便于拆卸，待全部安装完成后再紧固

将水槽主体嵌入橱柜台面孔洞，摆放端正，不松动且周边无缝隙即可。

图7-46　水槽嵌入

密实，连接处不能敞口（图7-47）。

（3）水槽底部下水口平面必须装有橡胶垫圈，并在接触面处涂抹少量中性硅酮玻璃胶。水槽底部排水管必须高出橱柜底板100mm，便于排水管的连接与封口，下水管必须采用硬质PVC管连

施工准备

基础施工

水电施工

铺装施工

构造施工

涂饰施工

接，严禁采用软管连接，且需安装相应的存水弯（图7-48和图7-49）。

（4）水槽与水阀门的连接处必须装有橡胶垫圈，以防水槽上的水渗入下方，水阀门必须紧固不能松动。水槽与台面接触部位应用中性硅酮玻璃胶嵌缝，安装时不能损坏表面洗面盆表面镀层（图7-50）。

（5）从水槽台面上方300mm至地面的所有墙面应预先制作防水层，如没有制作防水层，应在墙面瓷砖缝隙处进一步填补防水勾缝剂。

（6）所有配件的安装顺序应从下向上，先安装排水配件，再安装水阀门，最后洗洁剂罐、篮架等配套设施（图7-51~图7-53）。

7.2.3 水箱安装

蹲便器在地面回填时，与回填用的水泥砂浆一并铺装在地面上，安装简单，但是在铺贴地砖时要注意预留水箱的给水管。水箱是蹲便器的重要组成部分，也是一种较简易的洁具，价格相对较低，使用方便、卫生，适用于大户型住宅中的公共卫生间。蹲便器安装之前应在地面做好防水层（图7-54）。

1. 施工方法

（1）检查给、排水口位置与通畅情况，打开水箱包装，查看配件是否齐全，精确测量给、排水口与蹲便器的尺寸数据。

图7-47　预装排水管

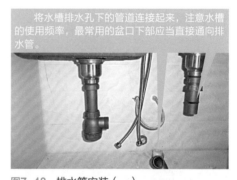

图7-48　排水管安装（一）

图7-49　排水管安装（二）

图7-50　玻璃胶封闭边缘

固定水槽后再连接给水软管，软管与水阀门之间连接应当紧密。

图7-51 连接软管

水槽下部的给排水构造应当尽量简单，避免安装过多配件，防止漏水。

图7-52 水槽安装完毕（一）

水槽上部构造应固定牢固，无任何松动，表面保持光洁整齐。

图7-53 水槽安装完毕（二）

蹲便器应当与地面回填施工同时进行，安装后应涂刷防水涂料。

图7-54 蹲便器安装

预先放线定位，采用电锤在墙面钻孔，也可以将转孔位置定在砖缝上。

图7-55 墙面钻孔

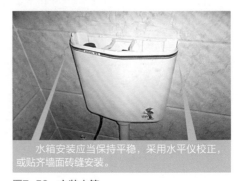

水箱安装应当保持平稳，采用水平仪校正，或贴齐墙面砖缝安装。

图7-56 安装水箱

（2）根据现场环境与设计要求预装水箱，进一步检查、调整管道位置，标记安装位置基线，确定安装基点（图7-55）。

（3）采用水平尺校正水箱的安装位置，并进行精确放线定位，确定排水口对齐至排水管道（图7-56）。

（4）安装给水管道与水箱配件，采用膨胀螺栓将水箱固定至墙面上，安装给水阀门，连接给水软管，紧固排水口，进行供水测试，清理施工现场。

2. 施工要点

（1）水箱的构造比较简单，无需安装三角阀，但是给水软管应当选用优质产品。

（2）蹲便器的安装位置与水箱要保持一致。水箱的安装高度至少应大于500mm，保证水流向下具备一定压力，以水箱底部距离地面为准。

（3）蹲便器后方的排水管应当选用水箱的配套产品，不宜选用其他管道替代。管道安装应当与水箱位置对齐。

（4）水箱配件应预先组装，查看安装状态与效果。蹲便器给水管安装后连接墙面水箱，水平部分埋入回填层内，垂直部位独立于墙面，管道边缘与墙面间距为50mm（图7-57～图7-59）。

（5）水箱应采用膨胀螺栓安装至墙面，膨胀螺栓应不少于2个，水箱安装应

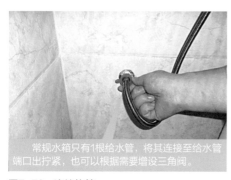

图7-58　连接软管

常规水箱只有1根给水管，将其连接至给水管端口出拧紧，也可以根据需要增设三角阀。

采用水平尺校对，水箱给水阀距地面高度为150～200mm。安装水箱必须保持进水立杆、溢流管垂直，不能歪斜，安装开关与浮球时，上下动作必须无阻，动作灵活。连接进水口的金属软管时，不能用力过大，以通水时不漏为宜，以免留下爆裂漏水的隐患。

7.2.4　坐便器安装

坐便器属于较高档的卫生间洁具，价格相对较高，使用舒适，适用于大多数家居住宅的卫生间。坐便器安装可在地面瓷砖铺装完毕后进行。

1. 施工方法

（1）检查给、排水口位置与通畅情

水箱中安装阀门配件，安装应当紧密、无松动迹象。

图7-57　组装配件

水箱安装完毕后进行冲水测试，应当不渗水、不漏水、无余留。

图7-59　水箱安装完毕

况，打开坐便器包装，查看配件是否齐全，精确测量给、排水口与坐便器的尺寸数据。

（2）根据现场环境与设计要求预装坐便器，进一步检查、调整管道位置，标记安装位置基线，确定安装基点（图7-60）。

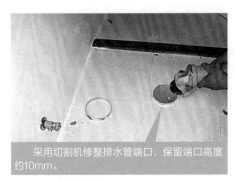

采用切割机修整排水管端口，保留端口高度约10mm。

图7-60　修整排水管口

（3）采用中性硅酮玻璃胶注入坐便器底部与周边，将坐便器固定到位，排水口对齐至排水管道。

（4）安装给水管道与水箱配件，安装给水阀门与连接软管，紧固排水口，进行供水测试，清理施工现场。

2. 施工要点

（1）坐便器安装应预先确定位置，选购坐便器时应注意排水口距离墙面的尺寸，一般有300mm与400mm两种规格，应根据这个规格来布置卫生间排水管。在大多数商品房住宅的非下沉式卫生间内，预留的排水管与墙面之间的距离为300mm，应根据这个尺寸来选购坐便器（图7-61）。

（2）坐便器底部排水口应采用成品橡胶密封圈作为防水封口。坐便器底座禁止使用水泥砂浆安装，以防水泥砂浆的膨胀特性造成底座开裂。坐便器底座与地面瓷砖之间应注入中性硅酮玻璃胶，将蹲便器与地面黏结牢固（图7-62）。

（3）大多数坐便器的水箱与坐便器是一体化产品，独立水箱应采用膨胀螺栓安装至墙面，膨胀螺栓应不少于2个，水箱安装应采用水平尺校对，水箱给水阀距地面高度为150～200mm。安装水箱必须保持进水立杆、溢流管垂直，不能歪斜，安装开关与浮球时，上下动作必须无阻，动作灵活，最后安装盖板（图7-63和图7-64）。

（4）坐便器周边应预留地漏排水管，满足随时排水的需要，避免积水长期浸泡坐便器底部的玻璃胶而导致开裂或脱落（图7-65）。连接进水口的金属软管时，不能用力过大，以通水时不漏为宜，以免留下爆裂漏水的隐患。

（5）带微电脑芯片的坐便器应在周边墙面预留电源插座，电源插座旁应设控制开关。插座高度应达600mm以上，

在坐便器底端，采用玻璃胶将不符合安装尺寸的排水孔封闭。

图7-61　涂抹玻璃胶

在排水孔对接部位增加橡胶封套，让坐便器的压力自然垂落，将其固定。

图7-62　加上垫圈

图7-63　安装水箱配件

图7-64　安装盖板

记安装位置基线，确定安装基点。

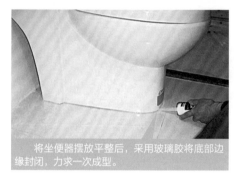

图7-65　封闭玻璃胶

到各种给排水管的距离应大于300mm。电源插座应带有防水盖板，安装完毕后必须用塑料薄膜封好，避免表面损坏。

7.2.5　浴缸安装

浴缸形体较大，适合面积较大的卫生间安装，价格也相对较高，使用舒适，安装浴缸应考虑预先制作浴缸上表面周边墙面的防水层。

1. 施工方法

（1）检查给、排水口位置与通畅情况，打开浴缸包装，查看配件是否齐全，精确测量给、排水口与浴缸的尺寸数据。

（2）根据现场环境与设计要求预装浴缸，进一步检查、调整管道位置，标

（3）安装给水管道与水箱配件，安装给水阀门与连接软管，确定排水口对齐至排水管道，紧固排水口（图7-66和图7-67）。

（4）采用中性硅酮玻璃胶注入浴缸周边缝隙，将浴缸固定到位，进行供水测试，清理施工现场（图7-68）。

2. 施工要点

（1）浴缸安装应预先确定位置，选购浴缸时应仔细测量浴缸尺寸是否与卫生间空间相符，应根据浴缸规格来布置卫生间排水管。

（2）浴缸周边墙面基层应预先制作防水层。防水层应从地面开始，向上的高度应超过浴缸上表面300mm以上。

（3）安装浴缸时，应检查安装位置底部及周边防水处理情况，检查侧面溢流口外侧排水管的垫片与螺帽的密封情况，确保密封无泄漏，检查排水拉杆动作是否操作灵活。

（4）铸铁、亚克力浴缸的排水管必须采用硬质PVC管或金属管道，插入排水孔的深度要大于50mm，经放水试验无渗漏后再进行正面封闭，在对应下水

管部位留出检修孔。

（5）嵌入式浴缸周边的墙面砖应当待浴缸安装好以后再进行铺装，使周边瓷砖立于浴缸边缘上方，以防止水沿墙面渗入浴缸底部。墙砖与浴缸周边应留出1～2mm嵌缝间隙，以避免因热胀冷缩使墙砖与浴缸瓷面产生爆裂。

（6）浴缸安装的整体水平度必须小于2mm，浴缸水阀门安装必须保持平整，开启时水流必须超出浴缸边缘溢流口处的金属盖。

（7）安装带按摩功能的浴缸时，周边应预留的电源插座。电源插座旁应设控制开关，电源插座与各种给排水管的距离应大于300mm，电源插座应带有防水盖板，安装完毕后必须用塑料薄膜封好，避免表面损坏。

在浴缸底部安装排水管构造，经过试水后再放平固定。

图7-66　连接排水管

给水管安装方式与蹲便器水箱安装一致，拧紧但不宜用力过度。

图7-67　连接给水管

7.2.6　淋浴房安装

淋浴房适用于绝大多数卫生间，安装简单方便，不占面积，但是淋浴房构造繁简不一，具体施工方法应按照产品说明书操作。

1．施工方法

（1）检查给、排水口位置与通畅情况，打开淋浴房包装，查看配件是否齐全，精确测量给、排水口与淋浴房的尺寸数据。

（2）根据现场环境与设计要求预装淋浴房，记安装位置基线，确定安装基点，安装围合框架（图7-69和图7-70）。

（3）安装给水管道与淋浴配件，安装给水阀门，确定排水口对齐至排水管道，紧固排水口。

（4）安装围合底盘、围合界面、顶棚等配件，采用中性硅酮玻璃胶周边缝隙，将各配件固定到位，进行供水测试，清理施工现场。

2．施工要点

（1）淋浴房安装应预先确定位置，选购淋浴房时应仔细测量淋浴房尺寸是否与卫生间空间相符，应根据淋浴房规格来布置卫生间排水管。

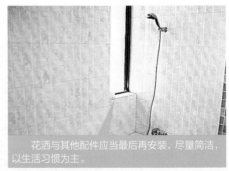

花洒与其他配件应当最后再安装，尽量简洁，以生活习惯为主。

图7-68　浴缸安装完毕

（2）无论淋浴房是否有周边围合屏障，都应在墙面制作防水层。防水层从地面开始，高度应超过1800mm，墙面防水层宽度应超出淋浴房侧边300mm。

（3）安装淋浴房时，应检查安装位置底部及周边防水处理情况，检查侧面溢流口外侧排水管的垫片与螺帽的密封情况，确保密封无泄漏，检查排水拉杆动作是否操作灵活。

（4）亚克力底盘淋浴房的排水管必须采用硬质PVC管或金属管道，插入排水孔的深度要大于50mm，经放水试验无渗漏后再进行正面封闭，在对应下水管部位留出检修孔。

（5）淋浴房周边围合屏障多为钢化玻璃，应在钢化玻璃与金属连接件之间安装橡胶垫并加注玻璃胶，以防钢化玻璃受到挤压或热胀冷缩导致破碎（图7-71）。采用水平尺校正围合屏障的垂直度，围合屏障与周边墙面固定应采用膨胀螺钉，每个屏障构件的固定膨胀螺钉不少于4个。

（6）淋浴房安装的整体水平度必须小于2mm，淋浴房推拉门安装必须保持平整（图7-72）。

（7）安装带按摩功能的淋浴房时，周边应预留的电源插座。电源插座旁应设控制开关，电源插座与各种给排水管的距离应大于300mm，电源插座应带有防水盖板，安装完毕后必须用塑料薄膜封好，避免表面损坏。

图7-69　安装边框

图7-70　固定边框

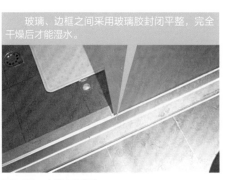

图7-71　封闭玻璃胶

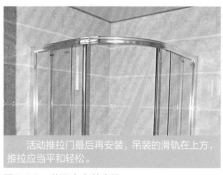

图7-72　淋浴房安装完毕

淋浴房安装的密封性

淋浴房主要是为了保温与防水，这两点都要求淋浴房拥有良好的密封性。其中保温要求淋浴房拥有底盘与顶盖，安装时应采用泡沫垫圈塞入底盘与顶盖的边缝，将其与周边玻璃之间的连接部位密封完整。防水要求淋浴房的构件精确无误差，玻璃推拉门之间的塑料边条应当调试紧密。安装的给排水管时，应当预先组装，进行试水，确认无渗漏后再安装到位，周边采用玻璃胶密封完整。

7.2.7 淋浴水阀安装

淋浴水阀适用于绝大多数卫生间，安装简单方便，不占面积，但是淋浴房构造繁简不一，具体施工方法应按照产品说明书操作。

1. 施工方法

（1）检查给水口位置与通畅情况，打开水阀包装，查看配件是否齐全（图7-73）。

（2）将水阀安装至墙面给水管端口（图7-74），并安装给水软管。

（3）根据需要，可以在给水管终端安装三角阀，将给水软管连接至三角阀上，或直接连接至水管终端。

（4）将各配件固定到位，进行供水测试，清理施工现场（图7-75和图7-76）。

2. 施工要点

（1）常规水阀是指冷、热水混合阀，又称为混水阀，水路施工时应预留给冷、热水管道终端，按左热右冷的方向连接混合阀。

（2）水阀门与洁具之间应用橡胶垫圈密封。将给水软管拧入水阀门下端接口，一般仅用手拧紧即可。如果安装空间过于狭小，可以用水管扳手加固，但是不能用力过大，以免接头处橡胶圈破裂。

（3）在大户型住宅中，用水端口较多，为了方便维修，应在给水管终端安装三角阀。如果住宅面积较小，只有1个卫生间，且入户水管已安装有总水阀，也可以不必在此安装三角阀。

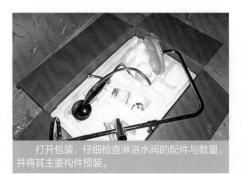

打开包装，仔细检查淋浴水阀的配件与数量，并将其主要构件预装。

图7-73　检查配件

将水阀与给水管对接起来，给水管的规格应当与水阀匹配。

图7-74　安装阀门

（4）安装三角阀时，应将装三角阀的出水口向上，不宜固定过紧，紧固至90%即可，给管道之间的衔接预留一定的缩胀余地，防止软管扭曲变形而导致破裂。

识别选购方法 ▶

安装洁具时特别要注意，不能破坏原有防水层与新涂刷的防水层，已经破坏或没有防水层的，一定要重新补做防水，并经12h积水渗漏试验。各类洁具安装时应轻搬轻放、防止损坏。管道接口部位要固定牢固、严密，但是不能用力过大。洁具安装的基本要求是：平、稳、牢、准，且使用情况良好。

紧固接头螺钉，将其他配件从下向上逐步安装。

图7-75　固定给水管

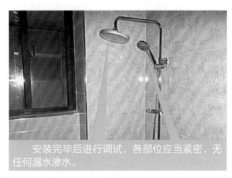

安装完毕后进行调试，各部位应当紧密，无任何漏水渗水。

图7-76　安装完毕

洁具安装一览 ●大家来对比●　　　　　（以下价格包含人工费、辅材，不含洁具设备）

品　种	性 能 特 点	用　途	价　格
洗面盆安装	安装平稳，无松动、无渗水漏水，周边密封性好	卫生间盥洗	40~50元／个
水槽安装	排水管构件安装紧密，无松动、无渗水漏水，周边密封性好	厨房盥洗	30~40元／个
水箱安装	安装平稳，无松动、无渗水漏水，周边密封性好	蹲便器冲水	20~30元／m

189

续表

品 种		性能特点	用 途	价 格
	坐便器安装	安装平稳，无松动、无渗水漏水，周边密封性好	卫生间排便	40~50元/件
	浴缸安装	安装平稳，无松动、无渗水漏水，周边密封性好	卫生间洗浴	40~50元/件
	淋浴房安装	安装平稳，结构牢固，无松动、无渗水漏水，周边密封性好	卫生间淋浴围合、防水	80~100元/套
	淋浴水阀安装	安装平稳，无松动、无渗水漏水，密封性好，开关自如	卫生间淋浴	40~50元/件

7.3 设备安装

操作难度 ★★★★★

热水器安装 地暖安装 中央空调安装

家居装修设备主要包括热水器、地暖、空调等，虽然这些设备大多有产品经销商承包安装，但是业主与施工员也应了解相关施工工艺，进行有力的监督，保证施工质量。

7.3.1 热水器安装

家用热水器主要包括燃气热水器、电热水器与太阳能热水器3种。其中燃气热水器涉及水、电、气3种能源，应用复杂，为了保证使用安全，下面主要介绍燃气热水器的安装方法。

1. 施工方法

（1）根据使用要求选择合适的安装位置，在墙面上定位、钻孔并安装预埋件（图7-77和图7-78）。

（2）将热水器主机安装到墙面上，并连接排烟管。

（3）使用配套软管连接水管、燃气管，并进行紧固。

（4）通气、通电、通水检测，调试完毕。

在铺贴墙地砖之前应当预先埋设PVC管，管道位置与燃气总阀对应。

图7-77　布置穿管

将不锈钢穿入波纹管穿入PVC管，端头预留长度约500mm。

图7-78　埋入燃气管

2. 施工要点

（1）安装燃气热水器的房间高度应大于2.5m。直接排气式热水器严禁安装在浴室或卫生间内。烟道式（强制式）与平衡式热水器可以安装在卫生间内，但安装烟道式热水器的卫生间，其容积应不小于热水器每小时额定耗气量的3.5倍。

（2）热水器应设置在操作和检修方便又不易被碰撞的部位。热水器前方的空间宽度应大于800mm，侧边离墙的距离应大于100mm。热水器应安装在坚固耐火的墙面上；当设置在非耐火墙面时，应在热水器的后背衬垫隔热耐火材料，其厚度应大于10mm，每边超出热水器外壳距离应大于100mm。

（3）热水器的供气管道宜采用金属管道（包括金属软管）连接。热水器的上部不能有明装电线和电器设备，热水器的其他侧边与电器设备的水平净距应大于300mm，或采取其他隔热措施。热水器与木质门、窗等可燃物的间距应大于200mm，或采取其他阻燃措施。热水器的安装高度，观火孔应距离地面1.5m左右（图7-79～图7-82）。

（4）热水器的排烟方式应根据热水器的排烟特性正确选用，直接排气式热水器装在有排气窗的房间，上部应有净面积大于0.16m²的排气窗，门的下部应有大于0.1m²的进风口，宜采用排风扇排风，风量应大于10m²/MJ。烟道式热

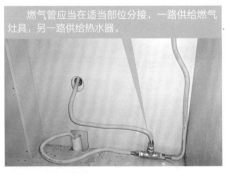

燃气管应当在适当部位分接，一路供给燃气灶具，另一路供给热水器。

图7-79　管道分接

铺装墙面砖后，应当对正管道位置开孔，不能歪斜或错位。

图7-80　燃气管与给水管

水器应装在有烟道的房间，上部及下部进风口的设置要求同直接排气式热水器。平衡式热水器的进、排风口应完全露出墙外。热水器穿越墙壁时，在进、排气口的外壁与墙的间隙用非燃料料填塞（图7-83和图7-84）。

（5）热水器的管道连接方法与要点与上述洁具施工一致，周边应预留电源插座，电源插座旁应设控制开关，电源插座与各种给排水管的距离应大于300mm，电源插座应带有防水盖板，安装完毕后必须用塑料薄膜封好，避免表面损坏。

（6）电热水器与太阳能热水器安装方法较简单，应在水路施工中预留管道与电源插座。安装电热水器主要考虑承重问题，电热水器应当安装在厚度大于180mm的砌筑隔墙上。太阳能热水器多安装在屋顶，连接屋顶与卫生间之间的管道应小于6m，并做好隔热和保温措施。

7.3.2　地暖安装

地暖是近年来比较流行的家用取暖设备，主要有水暖与电暖两种。目前家用地暖基本为水暖，它散热均衡，不伤地面铺装材料，主要采用小型锅炉给自来水加温，通过管道将热水均匀分布到各个房间的地面，热气透过地面铺装材料向上散发至整个房间，适合北方寒冷地区家居装修。地暖设备安装复杂，成

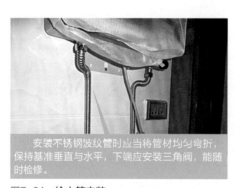

图7-81　给水管安装

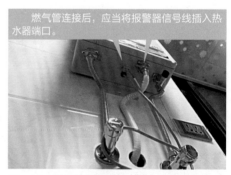

图7-82　燃气管安装

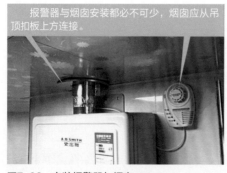

图7-83　安装报警器与烟囱

图7-84　烟囱连接户外

本较高,应严谨施工(图7-85)。

1. 施工方法

(1)根据设计图纸确定锅炉安装位置,放线定位,安装预埋件,将锅炉安装到指定位置。

(2)清理地面基层,在地面铺装隔热垫,展开管道与配件(图7-86和图7-87)。

(3)在地面铺装循环水管道,将管道连接至锅炉,安装分水阀门。

(4)进行通气、通电、通水检测,调试完毕。

2. 施工要点

(1)地暖施工前应经过细致、全面的设计,一般较大的空间使用地暖更加合适,面积小于60m²的住宅不建议使用地暖,以免造成过度浪费。

(2)锅炉应安装在地面,采用膨胀螺栓固定支架,膨胀螺栓数量应不少于4个,其他安装要求与上述热水器相当。

(3)布置地面管道之前应对地面进行找平处理,地面铺装隔热毡,管道间距一般为250~300mm,采取循环布置的方式,覆盖房间全部地面(图7-88)。

(4)地暖系统需要在墙体、柱、过门等与地面垂直交接处敷设伸缩缝,伸缩缝宽度应不小于10mm,当地面面积超过30m²或边长超过6m时,应设置伸缩缝,伸缩缝宽度不宜小于8mm。

(5)铺设带龙骨的木地板无需填充混凝土,如果铺装地砖需对管道铺装填

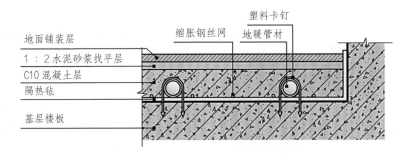

图7-85 地暖安装构造示意

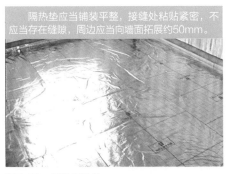

图7-86 铺装隔热垫

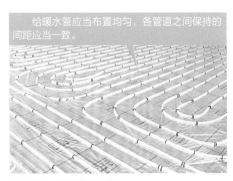

图7-87 安装给暖水管

充混凝土，应注意保护伸缩缝不被破坏。填充层是能保护塑料管和使地面温度均匀的构造层，一般为豆石混凝土，石子粒径应不大于10mm，使用1：3水泥砂浆，混凝土强度等级不小于C15。填充层厚度以完全覆盖管道为准，平整度应小于3mm（图7-89和图7-90）。

（6）加热管内水压应不低于0.6MPa，地暖加热管安装完毕且水压试验合格后48h内完成混凝土填充层施工，混凝土填充层施工中，严禁使用机械振捣设备；施工人员应穿软底鞋，采用平头铁锹。

（7）地暖管道接通后应进行试运行。初次加热的水温应严格控制，升温过程一定要保持平稳和缓慢，确保建筑构件对温度上升有一个逐步变化的适应过程。初始加热时，调试热水升温应平缓，供水温度应控制在比当时环境温度高10℃左右，且应不高于32℃，并应连续运行48h，以后每隔24h水温升高3℃，直到达到设计供水温度。在此温度下应对每组分水器和集水器连接的加热管逐路进行调节，直至达到设计要求。施工完毕后将地面进行回填找平，并做好标识，以免后期装修将其破坏（图7-91～图7-93）。

（8）进入后期装修施工时，不得剔、凿、割、钻和钉填充层，不得向填充层内楔入任何物件。面层的施工必须在填

图7-88　给暖水管局部

图7-89　混凝土回填

图7-90　豆石回填

图7-91　安装分水器

锅炉安装方法与热水器相当，只是在附近应当连接分水器。

图7-92　安装锅炉

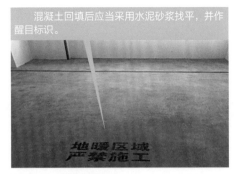

混凝土回填后应当采用水泥砂浆找平，并作醒目标识。

图7-93　地暖安装完毕

充层达到要求强度后才能进行，面层（石材、面砖）在与内外墙、柱等交接处，应留8mm宽伸缩缝，采用踢脚线遮挡。木地板铺设时，应留大于14mm的伸缩缝。对于卫生间，应在填充层上部再制作1遍防水。

7.3.3　中央空调安装

空调是现代家居生活必不可少的电器设备，多采用分体式，主机挂在室外，分机挂在室内。这类产品已经普及，安装没有难度。面积较大的复式住宅与别墅住宅会采用中央空调，下面介绍分体式中央空调的安装方法。

1. 施工方法

（1）根据设计图纸确定空调室外主机与室内分机的安装位置，放线定位，安装预埋件，将主机、分机安装到指定位置，并包裹好。

（2）依次安装冷媒管、冷凝水管、信号线，并保护好冷媒管接头（图7-94～图7-96）。

（3）给管道充入氮气进行压力测试，

确定主机、分机位置后再安装管道，包括冷媒管、冷凝水管、电源线。

图7-94　布置管道

分机的位置需要根据装修设计要求来评估，一般安装在室内中央或门窗上方。

图7-95　安装分机（一）

再给室外主机充填冷媒，测试中央空调系统。

（4）测量出风口与回风口的尺寸、位置，放线定位，安装预埋件，安装出风口与回风口，连接管线，进行设备运行测试。

（5）根据装修设计制作吊顶构造（图7-97~图7-99）。

2．施工要点

（1）安装中央空调应在装修准备阶段就进行规划设计，事先确定主机与分机的安装位置，需要预先布置强电线，一般在水电施工进场后即可联系厂家上门安装。

（2）室外主机应放置在地面上，如果放置在楼顶或挂置在墙面，应考虑建筑构造的承重能力。室外主机风扇的出风口周边应保持通畅，出风方向500mm，出风侧面150mm应无遮挡物，所有接地处应安装减震垫（图7-100和图7-101）。

（3）各种管道应选用优质品牌产品，冷媒铜管外部应严密包裹保温材料，保温层与铜管之间应无间隙，且不滑动。

（4）室内分机离房顶距离不小于10mm，避免空调运行时连带顶面产生共振。室内分机与冷凝水管安装应保持大于1%坡度，接冷凝水的一侧低，避免冷凝水排不出去。冷凝水管接出室外后应连接至地漏后排水管上。

（5）冷媒铜管是中央空调安装的重要环节，只能在铜管与分歧管的连接处焊接，不能在铜管与铜管之间焊接。在焊接过程中必须在铜管内充入氮气，这使铜管内部没有空气，避免产生炭积，

中央空调分机的回风口应当朝下面，新风口应当朝侧面。

图7-96　安装分机（二）

木龙骨应当将空调分机罩住，但是不能与空调连接，不能将吊顶的重量挂在空调设备上。

图7-97　制作木龙骨吊顶

轻钢龙骨应当将空调的安装位置空出，不能遮挡空调的回风口与新风口。

图7-98　制作轻钢龙骨吊顶

空调安装完毕后才能封闭吊顶，根据需要预留检修孔。

图7-99　室内分机安装完毕

室外挂机应当采用加强支架衬托，不能直接摆放在室外空调搁板上，防止自重过大而发生塌落。

图7-100　主机安装（一）

更大的室外主机应当放置在户外地面，并对地面作找平与防潮处理。

图7-101　主机安装（二）

防止压缩机产生故障。焊接完成后应用高压氮气清洁管内残渣。

（6）管道连接后应往铜管内充入一定压力的氮气进行压力测试时间为24h，使用R410冷媒需保持管内压力为40kg，使用R22冷媒需要保持管内压力为20kg。由于氮气是惰性气体，膨胀系数小，几乎不存在由于热胀冷缩而产生的压力变化。如果测试过程中压力表有下降，则应该检查冷媒管焊接是否有问题。压力表在常规24h保压后不作拆除，直至主机通电测试前才拆除。

（7）室外主机安装完毕后，应在充填冷媒前将管内的空气抽出，保持管内干燥、无水分，否则空气和水会与冷媒混合产生冰晶，损坏设备，抽真空的时间一般不少于2h。完成后可以开启冷媒阀，释放出外机内自带的冷媒，开机测试并检测压力，适当进行补充，直至调试完成，达到理想工作状态。

（8）安装出风口与回风口时应注意风口尺寸吻合，不能错位。出风口不宜装在灯带附近。嵌入式或凹入吊顶内部的出风口，需注意检查吊顶是否有裂缝，裂缝可能造成气流短路，出来的风未到达使用区域，已经回到空调内机了，影响使用效果。一般应保证出风口与回风口之间的间距大于1.2m。

识别选购方法

　　设备安装的技术规范较复杂，应当选购正宗品牌产品，厂商有实力组织经验丰富的施工员上门安装。注意要与其他装修施工配合，调整好施工顺序，随时变更设计图纸。此外，还应注意各种水电管线应选用优质品牌产品，必要时可以让水电施工员监督设备安装施工。

设备安装一览 ● 大家来对比 ● 　　　（以下价格包含人工费、辅材，不含设备）

品　种	性能特点	用　途	价　格
热水器安装	管道安装较复杂，对安全要求较高，应安装在通风透气部位	厨房、走道安装	150～200元/件
地暖安装	管道安装较复杂，对防水要求较高，管道连接紧密，一次成型	有取暖需求的地面安装	150～200元/m²
中央空调安装	管道安装很复杂，对防水要求较高，管道连接紧密，一次成型	面积较大的复式住宅或别墅安装	1500～2000元/套

7.4 门窗安装

操作难度 ★★★★★

成品房门安装　推拉门安装　封闭阳台安装

门窗安装主要包括成品房门、推拉门与封闭阳台3种，安装产品多为预制加工商品，要求精确、反复测量各种尺寸。

7.4.1 成品房门安装

成品房门取代了传统家居装修施工中的门扇与门套制作，是现今流行的装修方式。下面介绍卫生间、厨房常用的成品铝合金房门的安装方法。

1. 施工方法

（1）在基础与构造施工中，按照安装设计要求预留门洞尺寸，订购产品前应再次确认门洞尺寸。

（2）将成品房门运至施工现场后打开包装，仔细检查各种配件（图7-102），将门预装至门洞（图7-103～图7-105）。

（3）如果门洞较大，可以采用15mm木芯板制作门框基层，表面采用强力万能胶粘贴饰面板，采用气排钉安装装饰线条。

（4）将门扇通过合页连接至门框上，进行调试，填充缝隙，安装门锁、拉手、门吸等五金配件（图7-106和图7-107）。

2. 施工要点

（1）大多数商品房住宅预留的房间门洞宽度为880～900mm，厨房、卫生间门洞宽度为750～800mm，门洞高度为2050～2100mm，门洞厚度为80～300mm。这类尺寸能满足各种成品门安装。如果尺寸过小，则应采用切割机对门洞裁切后再凿宽。如果尺寸过大，则应考虑砌筑或采用木芯板制作门框基础。

（2）安装成品房门要求产品表面平整、牢固，板材不能开胶分层，不能有局部鼓泡、凹陷、硬棱、压痕、磕碰等缺陷。门扇边缘应平整、牢固，拐角处应自然相接，接缝严密，不能有折断、开裂等缺陷。实木成品门与零部件的表面经打磨抛光后，不能有波纹或由于砂光造成的局部褪色。

（3）安装门锁时开孔位置要准确，不能破坏门板表面。合页安装要两边开槽，螺钉安装要端正无松动，门吸安装要牢固。门套垂直，门无变形，无自动关门现象，门锁安装应无损伤，门锁应活动自如，门上镶嵌的玻璃应无松动现象（图7-108和图7-109）。

（4）成品门、门套验收时，要求所有配件颜色一致，无钉外露、损坏、破皮，45°斜角接缝要严密。安装完毕后再揭开表膜，成品房门应当在乳胶漆或壁纸施工之前安装，这样缝隙会更均匀（图7-110和图7-111）。

7.4.2　推拉门安装

推拉门又称为滑轨门、移动门或梭

打开成品门包装后仔细检查门扇与配件，注意边角质量，不能被磨损。

图7-102　打开包装

将门框直接套在门洞中，如果宽度不合适，应当对门洞进行修整，或是拓宽门洞，或是采用板材缩小门洞。

图7-103　初步安装

在固定门框的同时，应当采用水平仪校正门框的垂直度。

图7-104　定位校正

水平仪校正完毕后，仔细调整门扇，保持边缝均衡一致。

图7-105　调整门扇

采用泡沫填充剂将边缘填充密封，填充时应当紧密细致。

图7-106 填充泡沫

待泡沫充分膨胀时，采用钢钉将门框周边固定至门洞墙壁上。

图7-107 发泡膨胀

仔细调试门锁，保持门锁的紧密，保证开启关闭自如。

图7-108 调试门锁

紧固成品门上的各个螺钉，再次调整水平度与垂直度，保证门缝均衡一致。

图7-109 紧固螺钉

揭开成品门的表膜，将表面擦拭干净，金属连接件部位增添固态润滑油。

图7-110 揭开表膜

成品房门安装应当在墙面乳胶漆施工之前安装，乳胶漆施工时应当将门框边缘进行贴纸防护。

图7-111 成品房门安装完毕

拉门，它凭借光洁的金属框架、平整的门板与精致的五金配件赢得现代装修业主的青睐，一般安装在厨房、卫生间或卧室衣柜上。下面介绍最常见的衣柜推拉门的安装方法。

1. 施工方法

（1）检查推拉门及配件，检查柜体、门洞的施工条件，测量复核柜体、门洞尺寸，根据施工需要作必要修整（图7-112和图7-113）。

（2）在柜体、门洞顶部制作滑轨槽，并安装滑轨（图7-114）。

（3）将推拉门组装成型，挂置到滑轨上（图7-115）。

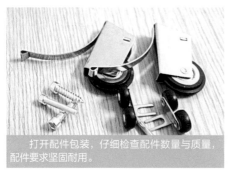

打开配件包装，仔细检查配件数量与质量，配件要求坚固耐用。

图7-112 检查配件

清理柜体框架，对不平整的部位增添较薄的板材找平。

图7-113 清理柜体框架

在柜体上端安装滑轨，安装时保持绝对的水平度。

图7-114 固定滑轨

将门扇上端安装滑轮，将其嵌入至滑轨中，吊挂在滑轨上。

图7-115 安装门扇

（4）在底部安装脚轮，测试调整，清理施工现场（图7-116）。

2. 施工要点

（1）在柜体构造制作完毕后再测量推拉门尺寸，注意柜体上下、左右边框应保持为规整的矩形，不能变形。

（2）注意踢脚线与顶角线，确定推拉门的安装位置后先不要安装踢角线，顶角线可以安装在柜体上方的封板上。如果推拉门直接到顶，则不需要安装顶角线。

（3）由于推拉门的顶轨是用螺钉固定的，因此要事先做好用于固定上轨的底板。如果房间有大面积吊顶，需要在吊顶里预埋一块木芯板，以便固定上轨。

门扇下方安装固定脚轮，用于指定推拉门的移动方向。

图7-116 推拉门安装完毕

如果房间过高，为了美观可以制作一道吊梁，安装顶轨的位置要预埋实木或木芯板，宽度应大于90mm，通常推拉门高度小于2.4m视觉效果较好。如果需要直接在楼板、横梁上安装顶轨，则需要提前安装预埋膨胀螺栓。

（4）无论使用任何材料的地面装修都要保证水平，门洞的四壁也要保持水平与垂直。否则门在安装完成后会出现歪斜的现象，门自身可调节的误差应小于10mm。安装部位不应有其他物件，由于推拉门与墙壁或柜体两侧接触，因此，在接触的位置不要有其他的物件阻挡滑动门的关闭。柜体内抽屉的位置要避开推拉门相交处，此处还要特别注意墙上的电源开关与插座，若阻挡了推拉门的关闭，应改动开关与插座的位置。

（5）柜体制作推拉门要预留滑轨的位置，双轨推拉门要预留85mm，单轨要预留50mm，折扇门要预留80mm。

（6）在地砖地面上安装推拉门时，为保护地砖可将底轨直接粘贴在地砖上固定，也可以在地面上钻孔，用膨胀螺栓固定。在地毯地面上安装推拉门时，厚度小于5mm以下的地毯可直接粘贴下轨，厚度大于5mm以上的地毯如果安装双轨可直接用螺钉固定在地毯上，如果安装单轨则必须将所在位置的地毯裁掉，

将地毯处事先放置厚3~5mm的木条，以便将单轨直接粘贴在上面。在木地板与瓷砖的结合处安装时，尽量将下轨安装在一种材料上，或者将两种材料中间另加一条与下轨同宽的木板或大理石，厨房部位也可以用门界石。

7.4.3 封闭阳台安装

现在商品房住宅都会附送相当面积的阳台，采用铝合金、塑钢型材封闭阳台后能获得可观的室内空间，下面介绍彩色铝合金型材封闭阳台的安装方法。

1. 施工方法

（1）精确测量阳台内框尺寸，清理安装基层，根据尺寸加工定制彩色铝合金型材，将型材运输至安装现场作必要裁切加工（图7-117）。

（2）组装基本框架，采用电锤钻孔，采用膨胀螺钉将型材框架固定至阳台横梁、墙体、楼板内框上（图7-118和图7-119）。

（3）安装内部配件，精确测量型

成品铝合金型材都在工厂加工，运到施工现场后还需要根据具体尺寸进行少量裁切。

图7-117 裁切加工

框架安装应当随时校正水平度与垂直度，避免丝毫歪斜。

图7-118 框架安装

图7-119　垂线校正

图7-120　螺钉固定（一）

材内框尺寸，根据尺寸加工定制钢化玻璃，将其镶嵌至型材内框中，安装固定边条。

（4）在各种缝隙处注入密封材料，安装各种五金配件，调试完成。

2. 施工要点

（1）阳台内框尺寸应精确测量，对于弧形阳台应分段测量，分段定制。彩色铝合金型材的主框架壁厚应大于2mm，窗型材壁厚应大于1.4mm。

（2）采用电锤在阳台内框钻孔时，注意孔洞与边缘之间应保持60mm以上，避免破坏阳台混凝土楼板与框架边缘。孔洞间距为600～800mm，保证每

组窗框在上、下边各有2个固定点。主体框架安装采用螺钉固定，保持构造平整度与垂直度（图7-120～图7-122）。

（3）门窗安装必须牢固，横平竖直。门窗应开关灵活，关闭严密，无倒翘。推拉门窗扇必须有防脱落措施。门窗金属应当配件齐全，安装牢固，位置应正确。门窗表面应洁净，大面无划痕和碰伤。

（4）钢化玻璃厚度应大于5mm，无框窗扇玻璃厚度应大于8mm。钢化玻璃从内部镶嵌，采用螺钉与配套铝合金边条固定，内外缝隙均采用聚氨酯密封胶封闭（图7-123）。

图7-121　螺钉固定（二）

图7-122　框架安装完毕

（5）型材框架与墙体之间的缝隙应采用聚苯乙烯发泡胶填嵌饱满，填充缝隙的宽度应小于80mm，填充后待干，采用裁纸刀裁切凸出部分，缝隙可根据需要作进一步装饰，如满刮腻子后涂饰乳胶漆。保证外门外窗无雨水渗漏（图7-124和图7-125）。

安装玻璃后采用黑色硅酮密封胶封闭玻璃边缘与墙面砖边缘。

图7-123　填充密封胶

在周边缝隙处填充泡沫，注入泡沫应当有一定深度，让其自动膨胀。

图7-124　裁切修边

待泡沫充分膨胀并干燥后，采用裁纸刀修整。

图7-125　填充泡沫

识别选购方法

　　门窗框架与周边建筑构造连接采用膨胀螺钉即可，如果有特殊承重要求，应当换用膨胀螺栓。门窗安装应当注意添加必要的密封配件，如密封胶条、防尘条等。

★家装小贴士★

选购商家比选购门窗更重要

　　具有实力的品牌门窗商家都拥有技术娴熟的施工员，他们的工作量饱和，安装经验丰富，能轻松应对各种安装问题，即使质量一般的门窗产品，也能调试得非常出色。因此，选择品牌商家比选择昂贵的门窗更重要。

门窗安装一览 ● 大家来对比 ● （以下价格包含人工费、辅材，不含门窗型材）

品　种		性 能 特 点	用　途	价　格
	成品房门安装	开关轻盈、自如，安装牢固，封闭性能好，具有一定隔声效果	室内房间开门安装	100~150元/扇
	推拉门安装	开关轻盈、自如，安装牢固，封闭性能好，开关静音效果好	家具或卫生间推拉门安装	50~100元/m²
	封闭阳台安装	开关自如，安装牢固，封闭性能好，具有一定隔声效果	阳台、露台封闭、隔断安装	50~100元/m²

7.5 家具安装

操作难度 ★★★★★

橱柜安装　衣柜安装

家居装修中的成品家具主要包括橱柜与衣柜，即有储藏功能，又有装饰功能，而且占据较大的视觉面积，是装修后期的重点安装对象。

7.5.1 橱柜安装

现代装修都采用成品橱柜，色彩、风格繁多，表面光洁平整，给繁重、枯燥的家务劳动带来一份轻松。下面介绍成品橱柜与配套产品的安装方法。

1. 施工方法

（1）检查水电路接头位置与通畅情况，查看橱柜配件是否齐全，清理施工现场（图7-126~图7-128）。

（2）根据现场环境与设计要求预装橱柜，进一步检查和调整管道位置，标记安装位置基线，确定安装基点，使用电锤钻孔，并放置预埋件，裁切需要变化的柜体（图7-129和图7-130）。

（3）从上至下逐个安装吊柜、地柜、台面、五金配件与配套设备，并将电器、洁具固定到位（图7-131~图7-134）。

（4）测试调整，清理施工现场。

2. 施工要点

（1）安装吊柜时，为了保证膨胀螺栓的水平，需要在墙面上根据设计要求画出水平线，业主可以根据身高情况，调整地柜与吊柜之间的距离。安装吊柜时同样需要用连接件连接柜体，保证连接的紧密。吊柜安装完毕后，必须调整吊柜的水平度，它直接影响橱柜的美观（图7-135～图7-137）。

（2）安装地柜前，施工员应该对厨房地面进行清扫，以便准确测量地面水平。安装时如果橱柜与地面不能达到水平，橱柜柜门的缝隙就无法平衡。施工员使用水平尺对地面、墙面进行测量后就能了解地面水平情况，并调整橱柜水平（图7-138和图7-139）。

图7-126　核对清单

图7-128　柜门堆放

图7-130　切割

图7-127　橱柜进场

图7-129　放线定位

图7-131　安装螺栓

施工准备

基础施工

水电施工

铺装施工

构造施工

涂饰施工

第7章 **安装施工** 维修保养

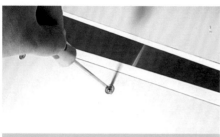

将螺钉固定在板材上，拧紧后检查板材组装的垂直度。

图7-132 组装固定（一）

管道穿越的部位应当采用板材围合起来，将管道封闭进去。

图7-133 组装固定（二）

安装吊柜之前，应当在墙面钻孔，钻孔位置应当仔细测量，与橱柜安装位置一致。

图7-134 墙面钻孔

将吊柜安装至墙面上，应当采用专用连接件。

图7-135 柜体上墙

封边安装柜门铰链与液压撑杆，上开门板应当安装至少1个液压撑杆。

图7-136 吊柜安装

燃气表应当嵌入橱柜中，预先保留的空间应当尽量宽松，保证燃气表正常使用与检修。

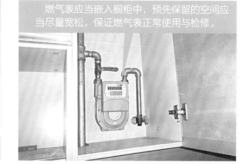

图7-137 燃气表嵌入

将柱脚安装至地柜底部，柱脚距离外边缘应当保留50mm以上。

图7-138 安装柱脚

安装地柜后，应当在水槽底部铺装防潮垫，并将配水管位置预留出来。

图7-139 吊柜安装

（3）地柜如果是L形或U形，就需要先找出基准点。L形地柜从直角处向两边延伸，如果从两边向中间装，则有可能出现缝隙。U形地柜则是先将中间的一字形柜体摆放整齐，然后从两个直角处向两边摆放，以避免出现缝隙。地柜摆放完毕后，需要对地柜进行找平，通过地柜的调节腿调节地柜水平度。地柜之间的连接是地柜安装的重点，柜体之间至少需要4个连接件固定，以保证柜体之间的紧密度（图7-140和图7-141）。

（4）橱柜台面多数为人造石，台面是几块型材黏结而成的，黏结时间、用胶量及打磨程度都会影响台面的美观。

一般夏季黏结台面需要0.5h，冬季需要1~1.5h，要使用云石胶黏结。为了保证台面接缝的美观，应使用打磨机对黏结部位进行打磨抛光（图7-142~图7-146）。

（5）在橱柜中安装嵌入式电器，需要现场开电源孔，电源孔不能开得过小，以免日后维修时不方便拆卸，不允许包装电表、气表。安装抽油烟机时为了保证使用与抽油烟效果，抽油烟机与灶台的距离一般为750~800mm。安装抽油烟机时要与灶具左右对齐，高低可以根据实际情况进行调整。安装灶具最重要的是连接气源，一定要确保接气口不漏气（图7-147）。

图7-140　地柜安装

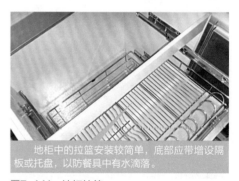

图7-141　地柜拉篮

图7-142　搁置台板

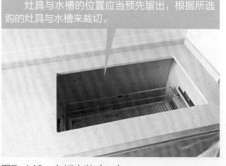

图7-143　台板安装（一）

（6）安装橱柜的最后步骤是进行柜门调整，保证柜门缝隙均匀与横平竖直。地柜进深一般为550mm，吊柜为300mm。业主也可以根据实际情况进行调整。调整完柜门后，揭开表膜，还应该清理安装橱柜时留下的垃圾，保持清洁（图7-148和图7-149）。

图7-144　台板安装（二）

图7-145　台板安装（三）

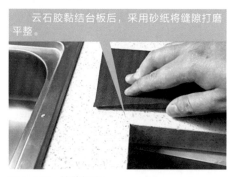

图7-146　接缝打磨

图7-147　安装灶具

图7-148　台板下部

7.5.2　衣柜安装

成品衣柜外观整洁美观，由厂商专业设计，储藏空间分布科学合理，是现代家居装修的首选。它与现场定制衣柜最大的不同是施工快捷，1~2天即可安装完成。

图7-149　揭开表膜

1. 施工方法

（1）精确测量房间尺寸，设计图纸，确定方案后在工厂对材料进行加工，将成品型材运输至施工现场。

（2）根据现场环境与设计要求，预装衣柜柜，进一步检查和调整梁、柱的位置，标记安装位置基线，确定安装基点，使用电锤钻孔，并放置预埋件。

（3）从下至上逐个拼装衣柜板材，安装五金配件与配套设备。

（4）测试调整，清理施工现场。

2. 施工要点

（1）订购成品衣柜应预先上门测量、设计图纸，从开始加工板材至运输安装约15~20天，应控制好施工进度。

（2）如果房间地面平整，即地角线与顶角线不平行，应预先对地面进行找平处理。

（3）成品衣柜不能当作房间隔墙，如果需要隔墙应预先采用轻钢龙骨与石膏板制作，隔墙制作完成后再进行测量。不能在成品衣柜背后钉接龙骨与石膏板作为隔墙封闭，以免缩胀性不一而导致背面板材开裂、变形。

（4）在墙、顶面钻孔时应控制深度，孔洞深度应不超过砌筑墙体厚度的50%。采用膨胀螺栓将衣柜固定至墙、顶面，每个衣柜单元应不低于4个膨胀螺栓。

（5）柜体之间的连接都为金属螺钉，应当经过放线定位后，再采用电钻钻孔，将螺钉预埋在孔中（图7-150和图7-151）。

（6）衣柜板材拼装后，在主要节点采用螺钉加固，固定纵向隔板之间的间距应小于900mm，横向活动隔板应校正水平度（图7-152）。

（7）安装平开柜门应反复校对、调整门板之间的缝隙。安装抽屉时，应仔细调整抽屉与门板之间的缝隙。各种缝隙的间距不超过3mm，要求均匀一致（图7-153）。

安装推拉门应当预先测量衣柜安装完毕后的尺寸，再回厂加工，再次运输至施工现场进行安装，这样会更精确（图7-154和图7-155）。

图7-150　板材钻孔

图7-151　放线定位

体量较大的柜体应分开组装，再并齐摆放。

图7-152　柜体组装

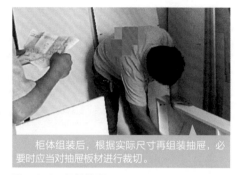

柜体组装后，根据实际尺寸再组装抽屉，必要时应当对抽屉板材进行裁切。

图7-153　组装抽屉

柜体安装完毕后，仔细测量柜门空间尺寸，再回厂定制加工柜门。

图7-154　柜体安装完毕

推拉门安装完毕后注意仔细调试，开关移动应当顺畅，无较大阻力。

图7-155　柜门安装完毕

识别选购方法

　　订购成品橱柜与衣柜是现代家居装修的潮流，大多数板材为中密度纤维板，表面有装饰覆面，应注意检查边角、接缝是否严密，否则会有甲醛释放污染环境。成品家具的安装质量关键在于精确测量与缝隙调整，安装后应当精致、整齐，这也是厂商实力的表现。

★家装小贴士★

现场制作家具与订购成品家具的区别

　　现场制作家具与订购成品家具的区别越来越小了，虽然材料、构造仍有区别，但是相差不大。现场制作的家具可以选用顶级环保免漆板，对施工员的工艺有要求，整体价格相对较低。订购成品家具的板材不会太好，但是工艺水平较高，整体价格相对较高。

家具安装一览●大家来对比●　　　　　（以下价格包含主材、辅材、人工费）

品　种		性能特点	用　途	价　格
	橱柜安装	安装构造紧密，表面光洁平整，防潮性能好，结构坚固，材料品种繁多	厨房、餐厅等空间安装	2000～7000元／m
	衣柜安装	安装构造精致，柜门缝隙均匀，承载性能好，结构坚固，材料品种单一	卧室、储藏间等空间安装	1000～2000元／m²

7.6　地面安装

操作难度 ★★★★★

复合木地板安装　实木地板安装
地毯安装　成品楼梯安装

家居装修地面铺装材料较多，主要为地砖铺装与地板铺装，地砖铺装施工前章已有介绍，下面介绍地板、地毯与成品楼梯的安装方法，这是安装施工的最后环节。

7.6.1　复合木地板安装

复合木地板具有强度高、耐磨性好，易于清理的优点，购买后一般由商家派施工员上门安装，无需铺装龙骨，铺设工艺比较简单（图7-156）。

1. 施工方法

（1）仔细测量地面铺装面积，清理地面基层砂浆、垃圾与杂物，必要时应对地面进行找平处理（图7-157和图7-158）。

（2）将复合木地板搬运至施工现场，打开包装放置5天，使地板与环境相适应

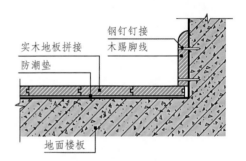

图7-156　复合木地板安装构造示意

安装复合地板前应当将地面清扫干净，对于特别不平整的地面应当预先采用自流地坪施工。

图7-157　清扫地面

（图7-159）。

（3）铺装地面防潮毡，压平，放线定位，从内向外铺装地板。

（4）安装踢脚线与封边装饰条，清理现场，随后养护7天。

仔细测量房间地面各方向尺寸，精确计算地板的用量。

图7-158　测量尺寸

实际测量尺寸后再将地板搬运至房间，以免数量不对，延长施工周期。

图7-159　材料进场

2. 施工要点

（1）铺装地面应平整，边角部位应保持直角。如果地面不平整，则应考虑采用1：2水泥砂浆或自流平水泥找平。地面各种管线应预先填埋在地面找平层中，不能安装在地面上方。

（2）复合木地板搬运至施工现场后，

应让地板吸附房间环境的水分。由于地板较重，不应堆放在局部，应分散敞开放置，可适度开启门窗，但是要注意防雨。

（3）铺装防潮毡应平整，接缝处应交错50mm并压实，对于地面湿度较大的房间，可以铺装2层防潮毡（图7-160～图7-162）。

根据房间面积与形态，在部分地板中央放线定位。

图7-160　放线定位

采用切割机将板材对半裁切，用于房间首端错位铺装。

图7-161　对半切割

在地面铺装防潮毡，铺装应当整齐，不宜有漏缝。

图7-162　铺装防潮毡

（4）复合木地板应依据设计的排列方向铺设，地板竖向缝隙应垂直与房间的主要采光窗，这样能减弱接缝的视觉效果（图7-163和图7-164）。

（5）每个房间找出一个基准边统一放线，周边缝隙保留8mm左右，企口拼接时应细密无缝。当安装空间的长度大于8m，宽度大于5m时，要设伸缩缝，安装专用卡条。不同地材交接处需要装收口条，拼装时不要直接锤击表面与企口，必须套用安装垫块再锤击（图7-165～图7-168）。

（6）地板铺装完成后，应在家具地面接缝处粘贴边缘装饰条，在墙体边缘钉接踢脚线，踢脚线背面应加注硅酮玻璃胶（图7-169）。

从无家具放置的墙角开始铺装地板，向有家具放置的墙角铺装，尽量将整块板材露在外部,形成良好的视觉效果。

图7-163　地板铺装（一）

铺装时应当呈阶梯状推进，保持地板的咬合力度与均衡性。

图7-164　地板铺装（二）

采用安装垫块过渡锤子对地板的紧固压力，使地板拼装整齐紧密。

图7-165　侧面紧固

末端地板应当采用传击件固定，锤子的敲击压力能直接传递到地板上。

图7-166　末端紧固

家具周边的缝隙应当均匀一致，缝隙宽度为5～8mm，不能紧贴家具，避免产生缩胀。

图7-167　家具边角留缝

墙角周边也应当保持8～10mm缝隙，避免产生缩胀。

图7-168　墙角缝隙固定

铺装完成后，应当采用各种配套边条粘贴至缝隙处，将缝隙收拾平整。

图7-169　铺装完毕

（7）全部施工结束后，应放置养护7天，期间不能随意踩压或搬入家具等重物。

7.6.2　实木地板安装

实木地板较厚实，具有一定弹性和保温效果，属于中高档地面材料，一般都采用木龙骨和木芯板制作基础后再铺装，工艺要求更严格。下列方法也适合竹地板铺装（图7-170）。

1. 施工方法

（1）清理房间地面，根据设计要求放线定位，钻孔安装预埋件，并固定木龙骨（图7-171～图7-173）。

（2）对木龙骨及地面作防潮和防腐处理，铺设防潮垫，将木芯板钉接在木龙骨上，并在木芯板上放线定位（图7-174～图7-176）。

（3）从内到外铺装木地板，使用地板专用钉固定，安装踢脚线与装饰边条。

（4）调整修补，打蜡养护。

2. 施工要点

（1）实木地板的铺装要求与要点与上述复合木地板一致，部分中低档实木地板无需铺装木龙骨，但是基层含水率应小于15%。

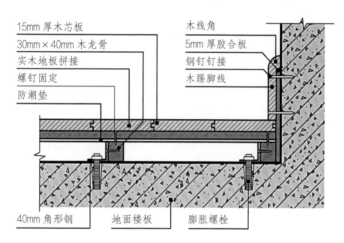

图7-170　实木地板铺装构造示意

图7-171　放线定位

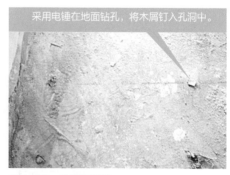

图7-172　放置预埋件

采用木钉或膨胀螺栓将龙骨安装至预埋木屑上，可以在木龙骨底部增垫胶合板用于调平龙骨。

图7-173 安装木龙骨

在卫生间入口处应当铺撒活性炭或其他防潮剂，防止基层龙骨受潮。

图7-174 铺撒活性炭

整体铺装防潮垫，尽量选用复合产品，具有良好的防潮效果。

图7-175 铺装防潮毡

在防潮毡上钉接木芯板，可以全铺或局部铺装，但是局部铺装面积不能小于40%。

图7-176 钉接木芯板

（2）由于架设木龙骨，铺装实木地板对地面的平度要求不高，可以通过木龙骨来调整，地面管线不必埋在找平层内，可以露在地面上，与木龙骨相互穿插。

（3）所有木地板运到施工现场后，都应拆除包装在室内存放5天以上，使木地板与室内温度、湿度相适应后才能使用。

（4）木地板安装前应进行挑选，剔除有明显质量缺陷的不合格品。将颜色花纹一致的预铺在同一房间内，有轻微质量缺欠但不影响使用的，可以铺设在床、柜等家具底部，同一房间的板厚必须一致。铺装实木地板应避免在大雨、阴雨等气候条件下施工，最好能够保持

室内温度和湿度稳定。

（5）中高档实木地板应先安装地龙骨，再铺装木芯板，龙骨应使用松木、杉木等不易变形的树种，以烘干龙骨为佳，木龙骨和踢脚板背面均应进行防腐处理。

（6）安装龙骨时，要用预埋件固定木龙骨。预埋件为膨胀螺栓与铅丝，预埋件间距应小于800mm，从地面钻孔下入。实铺实木地板最好有木芯板作为基层板。对于防潮性较好的房间或高档实木地板也可以直接铺设在防潮垫上。

（7）实木地板应依据设计的排列方向铺设，地板竖向缝隙应垂直于房间的

主要采光窗，以达到减弱接缝的视觉效果（图7-177～图7-179）。

（8）每个房间找出一个基准边统一放线，周边缝隙保留8mm左右，企口拼接时应细密无缝。当安装空间的长度大于8m，宽度大于5m时，要设伸缩缝，安装专用卡条。不同地材交接处需要装收口条，拼装时不要直接锤击表面与企口，必须套用安装垫块再锤击。

（9）地板铺装完成后，应在家具地面接缝处粘贴边缘装饰条，在墙体边缘钉接踢脚线，踢脚线背面应加注硅酮玻璃胶（图7-180和图7-181）。

（10）全部施工结束后，应放置养护7天，期间不能随意踩压或搬入家具等重物。要进行上蜡处理，同一房间的木地板应一次铺装完成，因此，要备有充足的辅料，并及时做好成品保护。

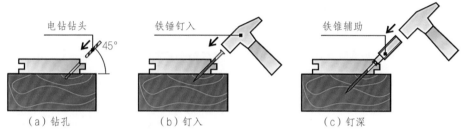

图7-177　地板钉施工构造示意

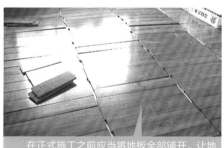

在正式施工之前应当将地板全部铺开，让地板与室内环境充分适应，吸收潮湿空气。

图7-178　地板试铺

铺装时应当采用地板钉固定，周边钉接踢脚线。

图7-179　铺装完毕

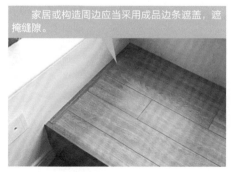

家居或构造周边应当采用成品边条遮盖，遮掩缝隙。

图7-180　边角封闭

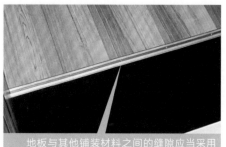

地板与其他铺装材料之间的缝隙应当采用成品门槛条安装。

图7-181　门槛条安装

7.6.3 地毯安装

地毯有块材与卷材地毯两种形式，块材毯铺设简单，将其放置在合适的位置压平即可，而卷材地毯一般采用卡条固定的铺设方法，适用于家居空间中的书房、视听室、卧室（图7-182）。

1. 施工方法

（1）清理房间地面，在铺设地面上放线定位，根据铺设尺寸裁切地毯。

（2）将裁切后的地毯按顺序铺设在地面上，从室内开窗处向房门处铺设，楼梯地毯从高处向低处铺设。

（3）依次对齐拼接缝，采用卡条、倒次板等配件固定。

（4）修整地毯边缘，安装踢脚线，并清扫养护。

2. 施工要点

（1）铺装地面应平整，边角部位应保持直角，如果地面不平整，应考虑采用1：2水泥砂浆或自流平水泥找平。地面各种管线应预先填埋在地面找平层中，不能安装在地面上方。地毯铺装对基层地面的要求较高，地面必须平整、洁净，含水率应小于8%，并已安装好踢脚线，踢脚线下沿至地面间隙应比地毯厚度大2~3mm。

（2）在铺装地毯前必须进行实量，测量墙角是否规整，准确记录各角角度。根据计算的下料尺寸在地毯背面弹线、裁切，避免造成浪费（图7-183和图7-184）。

（3）地毯边缘应采用倒刺板固定，倒刺板距踢脚线10mm。接缝处应用胶带在地毯背面将两块地毯粘贴在一起，要先将接缝处不齐的绒毛修齐，并反复揉搓接缝处绒毛，至表面看不出接缝痕迹为止。

（4）地毯铺设后，用撑子将地毯拉紧、张平，挂在倒刺板上。裁割地毯时应沿地毯经纱裁割，只割断纬纱，不割经纱。对于有背衬的地毯，应从正面分开绒毛，找出经纱、纬纱后裁切（图7-185）。

7.6.4 成品楼梯安装

成品楼梯用于连接上下层住宅空间，适用于复式住宅与别墅住宅。成品楼梯的

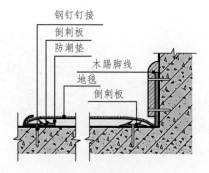

图7-182 卷材地毯铺装构造示意

块材地毯应当预先放线定位，再进行粘贴，缝隙应当紧密。

图7-183 块材地毯铺装

卷材地毯铺装关键在于赶压中间的气泡与空鼓。

图7-184　卷材地毯铺装

楼梯铺装重点在于边缘应当粘贴牢固，并环绕构造裁切包围。

图7-185　楼梯铺装

品种较多，按材料可以分为钢木楼梯、实木楼梯等，按结构可以分为单梁楼梯、颈缩楼梯、旋转楼梯等，安装方法各有不同。下面就介绍最常见的钢木颈缩楼梯安装方法。这种楼梯可曲可直，占地面积小，价格低廉，是中小型复式住宅的首选。

1. 施工方法

（1）精确测量楼梯安装空间尺寸，清扫和修补安装基层。

（2）根据测量尺寸设计图纸，在工厂加工生产，同时在施工现场放线定位，设置预埋件（图7-186）。

（3）将楼梯材料、构件运输至施工现场，进行预装，确认无误后紧固各连接构件（图7-187）。

（4）安装扶手、踏板、五金装饰配件等，全面调试，清理现场。

2. 施工要点

（1）成品楼梯施工前应进行细致的现场勘察，对周边横梁、立柱、墙体、楼板等建筑构造进行分析，评估承载能力。楼梯的预埋件不能安装在龙骨隔墙或厚度小于150mm砌筑隔墙上。

（2）对于没有楼梯洞口的住宅，应征求物业管理部门的同意，查看原始建筑设计图后再决定能否开设洞口。开设楼梯洞口应剪短楼板中的钢筋，应在洞口周边制作环绕钢筋，采用同规格混凝

金属龙骨通过膨胀螺栓与焊接的方式固定在混凝土构造上。

图7-186　金属龙骨安装

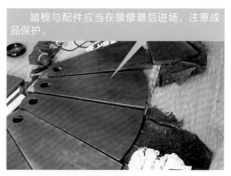

踏板与配件应当在装修最后进场，注意成品保护。

图7-187　踏板与配件进场

土浇筑修补，养护时间应大于20天。

（3）确定楼梯上挂和底座位置，预埋件应采用膨胀螺栓，长度应大于120mm，将10mm厚钢板或相关规格型钢固定至楼梯洞口、地面、墙体部位，每个构件或单元应至少固定2个膨胀螺栓，预埋件固定后应及时涂刷防锈漆。

（4）将散件的缩颈龙骨摆放在地上，根据设计图纸，将楼梯龙骨逐节套好,固定螺钉直至不来回摆动。将套好的缩颈骨架抬放到预埋件安装位置，进行预装固定。逐步调整骨架水平度与垂直度直到最佳，再全面固定紧螺钉。

（5）安装楼梯踏步板，应确定安装位置，从上往下逐步安装,有踏步小支撑

构造的还要调节小支撑的高度，先固定好踏步板后再固定小支撑（图7-188）。

（6）安装楼梯围栏要预先确定围栏立柱的位置，将立柱固定在立柱底座上，先将各种配件拧松，将拉丝和扶手安装并调整到最合适位置，再固定所有围栏上的紧固螺钉（图7-189）。

（7）成品楼梯安装先后时间较长，预埋件与基础龙骨安装应在水电施工之前，供施工员同行楼梯完成施工。踏板安装可与构造施工同步，但是要做好饰面保护，供各种材料搬运至楼上。扶手与其他五金配件可以待全部装修完成以后再安装。安装完毕后应当注意调整、检查平整度（图7-190和图7-191）。

楼梯转角部位应当在墙角安装固定支点，将踏板安装在支撑构造上。

图7-188 墙角支撑构造

栏板与扶手安装完毕后再揭开保护层，防止划伤表面。

图7-189 安装栏板扶手

踏板应当安装平整,采用水平尺校正验收，龙骨底部应当紧密无间。

图7-190 成品楼梯安装完毕（一）

旋转楼梯安装后应当注意校正中轴的垂直度，不能有任何歪斜。

图7-191 成品楼梯安装完毕（二）

识别选购方法

地面材料与构造施工的关键在于平整度与牢固度，应用水平仪仔细测量地面状况，考虑对地面进行找平处理。地面铺装材料应紧凑细致，无缝隙，踩压后应牢固，有安全感。对于铺装龙骨的木地板与成品楼梯，应当无明显的空洞感与弹跳感。

地面安装一览●大家来对比●　　　　　　　**（以下价格包含人工费、辅材与主材）**

品　种	性能特点	用　途	价　格
复合木地板安装	铺装方法简单，施工快捷，表面平整，对地面基层平整度要求高	室内地面铺装	100～200元／m²
实木地板安装	铺装方法复杂，施工速度较慢，表面平整，对地面基层防潮度要求较高	室内地面铺装	200～300元／m²
地毯安装	铺装方法简单，施工快捷，表面平整，对地面基层平整度要求高	室内地面铺装	100～200元／m²
成品楼梯安装	铺装方法复杂，施工速度较慢，构造坚固，对周边构造的强度有要求	室内楼层之间安装	1500～2000元／阶

08

维修保养
Matain Construction

装修结束后施工员会陆续退场，至业主搬入新居还有一段时间，不少问题仍会出现，给正常生活带来烦恼。如果业主自己掌握一些维修保养方法，就能快速解决问题。本章介绍了装修后的维修保养方法，给广大装修业主解了燃眉之急。自己动手解决问题，维系装修品质，是当今低碳生活的主旨。

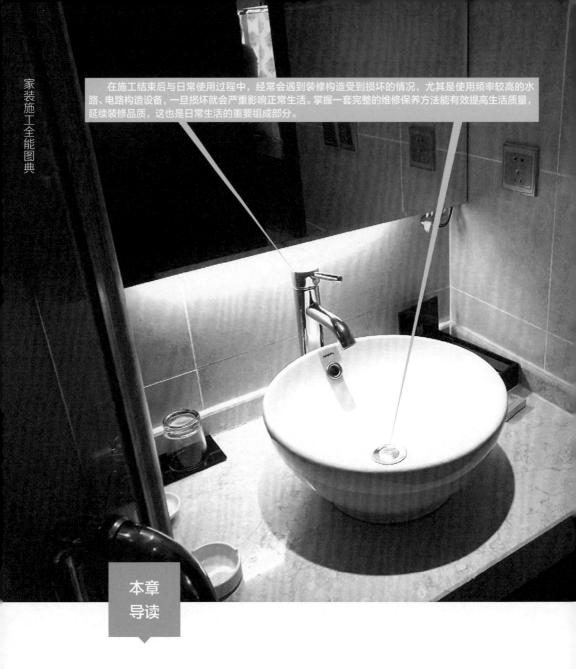

在施工结束后与日常使用过程中，经常会遇到装修构造受到损坏的情况，尤其是使用频率较高的水路、电路构造设备，一旦损坏就会严重影响正常生活。掌握一套完整的维修保养方法能有效提高生活质量，延续装修品质，这也是日常生活的重要组成部分。

本章
导读

　　装修结束后，施工方或装饰公司会组织业主到现场进行验收。我国现行的装修验收标准为《建筑装饰装修工程质量验收规范》（GB 50210—2001），其中详细指出了装修验收的各项指标，不少地方性装修验收标准也可以借鉴参考，如《上海市住宅装饰装修验收标准》（2004版，14764—2004）。本书前章所有内容均按照相关标准编写，完全按照施工要点来执行即可达标。即使装修验收合格，在日常使用中也可能会因各种原因出现问题，本章就详细介绍装修后的维修保养方法（图8-1）。

8.1 水电管线维修

操作难度 ★★★★★

更换给水软管与水阀门　更换开关插座面板　电线维修

在装修过程中，水管电线都隐蔽在顶、墙、地面中，发生损坏的几率不大，但是出现问题就得及时解决。下面介绍几种无需拆除表面装饰材料的维修方法，具有参考价值。

8.1.1 更换给水软管与水阀门

给水软管是用于连接硬质给水管终端与用水设备之间的连接管道。给水软管一般分为钢丝橡胶软管与不锈钢软管两种。给水软管连接的用水设备大多为水阀门。水阀门主要包括普通水阀、混水阀、三角阀等3种。经过多年使用后，这些构件使用频率过高或过低都会造成不同程度的损坏，经常使用会造成构件松动，经常不使用又会造成内部橡胶老化，都会导致漏水。更换给水软管与水阀门比较简单，关键在于购买优质且型号相应的新产品，更换时理清操作顺序即可。

1. 施工方法

（1）关闭入户给水管的总阀门，将水管中的余水排尽，使用扳手将坏的给水软管或水阀门向逆时针方向旋扭下来（图8-2）。

（2）对照相应尺寸购买新的产品，将给水软管与水阀门预装至洁具上，找准合适的位置。

（3）调整位置后，使用扳手将给水软管与水阀门向顺时针方向拧紧并扶正，用绑扎带将过长软管固定（图8-3）。

图8-1　水电工程的维修保养具有一定技术含量，业主学习这些知识能快速自主维修，做到万事不求人

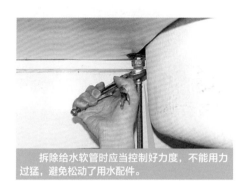

拆除给水软管时应当控制好力度，不能用力过猛，避免松动了用水配件。

图8-2　拆除软管

将新的给水软管安装后，可以采用绑扎带固定成型，避免水流通过时摆动。

图8-3　盘绕软管

2．施工要点

（1）如果当地供水水压长期高低不均，还会造成软管破裂，如需频繁更换则应该考虑使用不锈钢波纹管，成本虽高，但是更加坚固耐用。

（2）拆卸时，应先拆卸给水软管与水阀门之间的连接，再拆卸给水软管与给水管终端之间的连接。如果只更换水阀门，则不必拆卸给水软管与给水管终端之间的连接。

（3）重新连接时，应先分析管道与配件的安装顺序（图8-4）。将给水软管与水阀门连接，用手拧紧即可，除非安装空间狭窄，一般不用扳手加固。再连接给水软管与给水管终端，这时可以用扳手紧固，注意防止软管在旋转紧固时发生变形，紧固程度达到90%即可，不能用力过猛。

（4）注意观察给水软管与水阀门的端口螺纹部位是否有橡皮垫圈，如果有橡皮垫圈则无需缠绕生料带密封，缠绕生料带反而会造成密封接触点错位，导致渗水。如果产品接头与原有管道、洁具不配套，则应及时更换，或缠绕生料带后再紧固（图8-5）。

三角阀的更换与安装要复合水流逻辑，安装前应当将各种配件摆放在地上，确认无误后再更换。

图8-4　三角阀配件

在各种管件的螺纹部位应当缠绕生料带，缠绕时应当尽量绷紧。

图8-5　缠绕生料带

8.1.2 更换开关插座面板

在日常生活中，会经常使用某些部位的开关插座面板，这些开关插座面板就容易磨损，如卫生间、厨房的开关插座面板。损坏的前兆是经常出现火花，或接触不良，接入高功率电器的开关插座面板还会出现电磁声响，这些都说明开关插座面板受到磨损，应当及时更换。

1. 施工方法

（1）更换用电设备或插头，仔细检查开关插座面板，确认已经损坏，关闭该线路上的空气开关，并用试电笔检测确认无电。

（2）使用平口螺丝刀将面板拆卸下来，使用十字口螺丝刀将基层板拆卸下来，松开电线插口。

（3）使用平口螺丝刀将坏的开关插座模块用力撬出，注意不要损坏基层板上的卡槽，将新模块安装上去。

（4）将零线、火线分别固定到新模块的插孔内，将电线还原至暗盒内，安装还原即可。

2. 施工要点

（1）更换开关插座面板要注意安全，不能带电操作，一定要将入户电箱中的空气开关关闭（图8-6）。

（2）正式拆卸之前，应当反复确认是开关插座面板发生损坏，可以尝试更换用电设备、灯具，采用试电笔检测等方法来确认。

（3）拆除开关插座面板时应特别小心，不能划伤面板，避免面板开裂、破损。拆除开关插座模块应找准方向，不同品牌产品的拆除、安装方向均有不同，不能用力过猛而损坏基层板（图8-7~图8-9）。

（4）重新连接电线时，应熟记原有电线连接状况，确定连接方向，按端口标识插入电线，如果担心遗忘可以用手机先拍下原有电线的连接状况，在对照图片安装（图8-10和图8-11）。

（5）如果没有十足把握，可以在安装面板之前，打开空气开关通电检测，无任何问题后再安装面板。

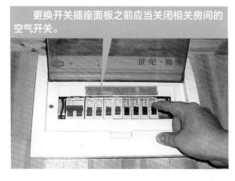

图8-6 关闭空气开关

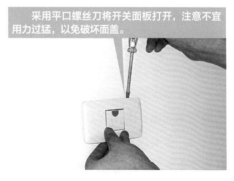

图8-7 拆卸盖板

拆卸螺钉换用十字口螺丝刀，用力均匀，左右两侧同时拆卸。

图8-8　拆卸螺钉

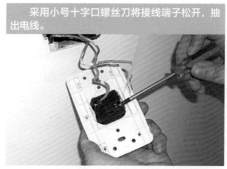

采用小号十字口螺丝刀将接线端子松开，抽出电线。

图8-9　拆卸接线端子

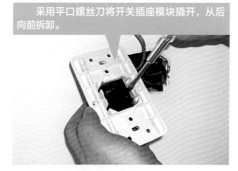

采用平口螺丝刀将开关插座模块撬开，从后向前拆卸。

图8-10　更换开关插座模块

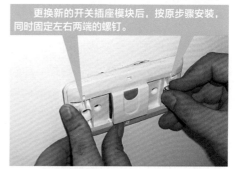

更换新的开关插座模块后，按原步骤安装，同时固定左右两端的螺钉。

图8-11　固定螺钉

8.1.3　电线维修

　　家居装修时，电线大多埋在墙体或吊顶内，加上空气开关的保护，一般情况下是不会断裂、烧毁的，如果发生故障则大多在于开关插座面板的磨损。经过多次检测，如果断定是埋藏在墙体内的线路发生故障，也可以分为两种情况分别维修。

　　1. 更换电线

　　更换电线是指将埋在墙体界面中的坏损电线抽出，换成新的电线。应反复检查确认是电线发生故障或损坏，通过其他方法无法解决才能更换电线。

　　（1）同时拆除开关插座面板内的线

头和该线另一端接头，从面板这头将电线用力向外拉，如果能拉动则说明该线管内空间比较宽裕（图8-12）。

　　（2）将电线的另一端绑上新电线，从这端用力向外拉，可以将整条坏损的电线抽出，同时能将绑定的新电线置入线管内，这样就可完成电线的整体更换（图8-13和图8-14）。

　　（3）这种方法适用于穿接硬质PVC管的单股电线，最好在装修时预埋金属穿线管。如果中途转折过多，则很难将电线拉出来。

　　2. 并联电线

　　并联电线是指将损坏的线路并联到正常的线路上，让一个开关控制2个灯具或电器，或让一条线路分出2个插座。维修方法与上述更换开关插座面板基本一致。

但是要特别注意，不能超负荷连接，避免再次损坏。普通1.5mm²的电线一般只能负荷功率小于1500W的电器，2.5mm²的电线的负荷应小于2500W，至于空调线路还是应该单独分列，不能与其他电器共用。分析电线的载荷是并联电线维修操作的关键前奏（图8-15～图8-17）。

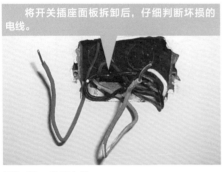

将开关插座面板拆卸后，仔细判断坏损的电线。

图8-12　分析电线

新旧电线绑扎时应当缠绕紧密，但是不宜绑扎过粗，否则不宜抽出。

图8-13　绑接电线

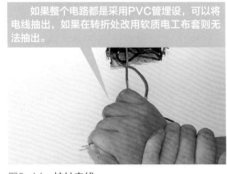

如果整个电路都是采用PVC管埋设，可以将电线抽出，如果在转折处改用软质电工布套则无法抽出。

图8-14　拉扯电线

将插座面板仔细拆卸，松开螺钉后不应用力往外拉扯。

图8-15　拆下面板

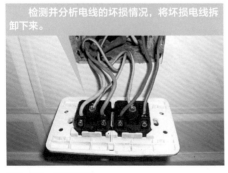

检测并分析电线的坏损情况，将坏损电线拆卸下来。

图8-16　分析电线

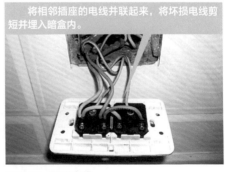

将相邻插座的电线并联起来，将坏损电线剪短并埋入暗盒内。

图8-17　并联电线

识别选购方法 ◤◤◤

水电管线维修的关键在于找准故障原因与问题所在，仔细思考，采取最简单、最直接的方式维修。维修前应详细预想全程经过，逐一分析解决途径，特别注意，应当根据实际情况分析电线的排列逻辑，如果对维修操作不熟悉，可以咨询身边的专业人员。

★家装小贴士★

电路维修无万全之策

装修中的电路都埋设在墙体内部，损坏的几率不大，除非大功率电器用电过载导致线路快速老化、烧毁，一般不会发生任何问题。一旦电线老化、烧毁，很难再顺利抽出，只能封闭该电路的端口，重新布设电路。在不破坏墙面的前提下，新的电路只能安装在明处，破坏了家居环境，因此，最初的电路施工应当选用优质材料，由专业施工员操作。

8.2 瓷砖与防水维修

操作难度 ★★★★★

修补瓷砖凹坑　更换瓷砖
饰面防水维修　基层防水维修

由于墙地砖没有弹性，厨房、卫生间、阳台属于家务劳作空间，容易对墙地砖造成磨损。瓷砖容易受外界撞击而破损，防水层可能受建筑材料缩胀影响而开裂，造成漏水。发生这些问题的几率虽然不高，但是也不容忽视，应当掌握一套完善的维修方法。

8.2.1 修补瓷砖凹坑

如果单片墙地砖中存在凹坑，可以不用更换，只需作比较简单的修补。在建材超市或材料市场购买小包装云石胶，云石胶一般有白色、黑色、米黄色等为数不多的几种颜色，采用广告颜料调色后直接修补。注意调色时要逐渐加深，一旦颜色过深就无法再调浅。待云石胶干燥后再用360号砂纸轻微打磨即可（图8-18～图8-20）。

8.2.2 更换瓷砖

若墙地面瓷砖发生开裂、脱落或大

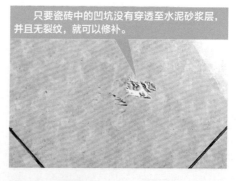

只要瓷砖中的凹坑没有穿透至水泥砂浆层，并且无裂纹，就可以修补。

图8-18　查看凹坑

将破损部位清理干净,将与瓷砖同色的云石胶涂抹在凹陷部位,待未完全干燥时采用平铲将云石胶铲平。

图8-19　涂抹云石胶

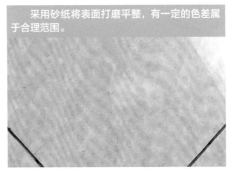

采用砂纸将表面打磨平整,有一定的色差属于合理范围。

图8-20　打磨平整

面积破损,就应当整块更换。更换瓷砖需要准备瓷砖切割机,配置水泥砂浆。下面介绍一种墙面瓷砖的更换方法,适合业主自己动手更换。

1. 施工方法

(1)察看瓷砖破损部位,根据破损数量、规格、色彩购置新瓷砖,将原有瓷砖凿除,清理铺设基层。

(2)配置素水泥砂浆待干,对铺贴部位洒水,放线定位。普通瓷砖与抛光砖须在水中浸泡2h后取出晾干,将瓷砖预先铺设1遍并依次标号。

(3)在瓷砖背面铺设平整素水泥,依次将瓷砖铺贴到墙面上,保留缝隙根据瓷砖特点来定制。

(4)采用专用填缝剂填补缝隙,使用干净抹布将瓷砖表面的水泥擦拭干净,养护待干。

2. 施工要点

(1)限于施工环境与经济条件,很多住宅室内地面基本完好,在改造中无须作太大变动。预制混凝土楼板的2层以上住宅最好不要大面积拆除现有地砖,

避免震动破坏楼板结构,根据需要更换存在破损的地砖即可(图8-21)。

(2)装修时间过长就很难再购买到同种颜色、纹理的瓷砖,可以选购黑色、褐色瓷砖或色彩丰富的锦砖填补。

(3)切割瓷砖时,应在边缘缝隙靠内10~20mm切割,避免破坏周边完好的瓷砖,切割出凹槽后再用凿子仔细拆除中央瓷砖,最后用平透螺丝刀拆除边缘10~20mm的瓷砖边条(图8-22~图8-24)。

(4)面层瓷砖拆除后应继续拆除原有的铺装水泥,厚度一般为10~15mm,注意凿除水泥时不应破坏基层防水层,如果必须破坏,应重新涂刷防水涂料(图8-25)。

(5)铺装完成后,应采用水平尺仔细校正铺装的平整度,铺装完成的瓷砖不应凸出或凹陷于周边瓷砖(图8-26)。

8.2.3　饰面防水维修

厨房、卫生间、阳台地面一般都铺装有地砖,如果基层防水层没有铺装到

采用切割机在坏损瓷砖边缘10～20mm处切割，不应在瓷砖缝隙处切割。

图8-21 切割瓷砖

采用裁纸刀将瓷砖缝隙刮空，再用平口螺丝刀将边条撬出。

图8-22 划切缝隙

采用锤子与平口螺丝刀将基层水泥砂浆凿除干净。

图8-23 凿除水泥层

采用铁锤与凿子在基层凿毛并将基层清理干净。

图8-24 凿毛基层

采用水泥砂浆或瓷砖胶重新铺装瓷砖，注意新旧瓷砖表面的平整度。

图8-25 铺贴瓷砖

采用填缝剂将瓷砖缝隙修补，将瓷砖表面擦拭干净。

图8-26 修补完毕

位，或楼板发生裂纹，都会造成楼下漏水。如果在装修中做过系统的防水层，则局部漏水无需拆除瓷砖，仅在瓷砖表面与缝隙处修补即可。

1. 施工方法

（1）到楼下仔细查看漏水部位，仔细分析漏水原因，找到确切的漏水部位（图8-27）。

（2）采用小平铲将地面与周边墙面瓷砖接缝处污垢刮除干净，清理瓷砖基层（图8-28）。

（3）待填缝材料完全干燥后，对瓷砖铺装的墙地面喷涂或刷涂专用防水溶剂，养护24h即可使用（图8-29和

图8-27　查看漏水部位

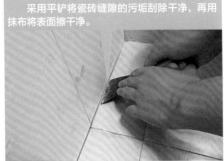

图8-28　清除砖缝

家装 妙语	厨卫渗漏是最头疼的生活难题，但是能检验装修的技术水平； 防水堵漏是最简单的家居维修，但是能见证和谐的邻里关系。

图8-30）。

（4）采用专用填缝剂填补地面与墙面缝隙，待干后擦除表面尘土。采用中性硅酮玻璃胶继续填补地面与墙面之间

的转角，用手指涂抹光洁（图8-31和图8-32）。

2. 施工要点

（1）为了一次性修补到位，应对可

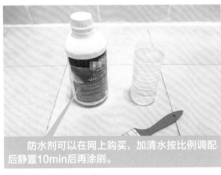

图8-29　调配防水剂

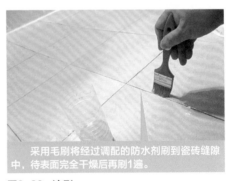

图8-30　涂刷

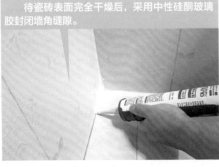

图8-31　玻璃胶修补边角

图8-32　涂抹平整

疑渗漏部位及周边作全面修补，即以渗漏点为中心，周边2m²左右的地面与墙面都应做修补。

（2）刮除瓷砖缝隙应当彻底，不应有遗留，可采用板刷扫除残渣。专用填缝剂多为粉末材料，需要加水调和，应调和均匀，稍显黏稠。填补时应用小平铲将填缝材料用力刮入瓷砖缝隙，待干24h才能继续修补。

（3）填补玻璃胶之前应用胶带粘贴在瓷砖缝隙边缘，防止玻璃胶污染瓷砖表面，用手指按压玻璃胶将其均匀涂抹至缝隙，待干12h。

（4）专用防水溶剂品牌较多，防水效果较好，选购后根据产品包装说明来施工，一般需加水勾兑后使用，涂饰2~3遍，待干24h。

（5）待上述修补全部完成后，再采用瓷砖填缝剂加水调和成灰膏状腻子，用平铲刮入瓷砖缝隙，待干后防水效果更牢固（图8-33）。如果修补无效，可以在地面重新铺装大块高密度防水地砖

作为垫水石，基层应当预先涂刷防水涂料（图8-34）。

（6）修补完成后应进行积水测试24h，确认无漏水后，间隔1个月，再涂饰防水溶剂2遍，强化施工效果。

8.2.4 基层防水维修

如果地面渗水、漏水面积较大，可以考虑是否由于住宅建筑楼板或墙体开裂，或防水材料质量不佳，或防水施工不规范，这些原因都会导致大面积渗漏，很难寻找确切的渗漏点，这样就只能将瓷砖全部凿除，重新制作防水层了。

本书前面章节详细介绍了防水层的施工方法，这里就不再重复。注意凿除原有地砖时应采用电锤施工，但是不能破坏周边地砖与楼板结构。凿除深度应不低于60mm，重新制作防水层后还应能铺贴瓷砖。除了地面瓷砖外，墙面底层瓷砖也应凿除并重新铺装。墙面凿除高度应达到0.3m，对于淋浴区高度应达到1.8m。

待玻璃胶完全干燥后，采用瓷砖填缝剂加水搅拌调配成膏状材料，用平铲刮入瓷砖缝隙，待干。

图8-33 待干填缝

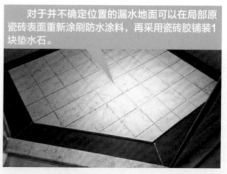

对于并不确定位置的漏水地面可以在局部原瓷砖表面重新涂刷防水涂料，再采用瓷砖胶铺装1块垫水石。

图8-34 铺装垫水石

瓷砖与防水维修施工相对较麻烦，查找漏水渗水部位很困难，维修时间也比较长，给日常生活会带来不便。因此，应当仔细观察，找出渗漏的确切部位，不能仅凭外表观察就武断得出结论。必要时，可以重新聘请施工员操作，中大型装饰公司对防水施工有质保期，时间为1～2年，一次修补到位即可永久消除隐患。

8.3 家具与墙面维修

操作难度 ★★★★★

木质家具修补　更换五金件
乳胶漆墙面翻新

在日常生活中，家具与墙面最容易受到污染与损坏，定期维修是家居生活的必要组成部分，下面介绍常见的维修方法。

8.3.1 木质家具修补

木质家具的磨损率最高，需要长期保养，尤其是昂贵的实木家具，具有很高的修补价值。自己动手修补成本很低，修补家具破损部位要细心、耐心，精湛的修补工艺能巧夺天工，使家具维修保养成为一种生活享受。下面就介绍一种凹坑修补方法。

1. 施工方法

（1）使用铲刀清除家具缺角和凹坑周边的毛刺、结疤和污垢（图8-35和图8-36）。

（2）制作一些细腻的锯末，掺入502胶水或白乳胶，涂抹到破损部位。涂抹应尽量平整，待完全干燥后再使用刀片刮除多余的部分（图8-37和图8-38）。

（3）使用360号砂纸打磨平整，并擦拭干净，使用美术颜料与腻子粉调和，使腻子的颜色与家具原有色一致，仔细刮满修补部位，待干后再次打磨。

（4）涂饰清漆，然后稍加修饰调整即可。

2. 施工要点

（1）采用细齿钢锯切割木料，能产生大量细腻的锯末，木料以干净的浅色树种为宜，不能选用腐蚀的木料。

（2）刮除多余凝固锯末时，不宜过度追求平滑，可以保留一些凸出锯末，平滑、光洁的表面可以通过砂纸来打磨（图8-39和图8-40）。

（3）调配颜色时，应由浅至深逐渐增加颜色，仔细比较颜色差异，尽量与原有家具一致。可以将调配好的颜料试涂在家具不醒目的部位，待干燥后查看颜色差异，继续调色校正（图8-41和图8-42）。

（4）最后清漆的涂饰面积可以拓展至整个家具结构，不限于修补部位，这样能达到良好、统一的效果。高档家具最好定期打蜡处理。

仔细查看家具的破损部位，破损面积小于8cm²且无裂痕均可自主修补。

图8-35　查看破损

采用砂纸将破损部位边角打磨平整，清除破损部位的污垢。

图8-36　砂纸打磨

采用细齿钢锯在浅色木料上锯切，获得细腻的锯末。

图8-37　制作锯末

将锯末搭配502胶水涂抹在破损部位，使其黏结牢固。

图8-38　胶水黏结

待完全干燥后，采用小刀将凸出的木屑刮平。

图8-39　削切平整

采用砂纸将修补部位抹平，必要时应当反复增加锯末与502胶水进行修补。

图8-40　砂纸打磨

采用水粉或丙烯颜料调配近似颜色，涂抹至修补部位。

图8-41　涂饰颜料

待颜料完全干燥后再次打磨，可以根据需要涂刷清漆。

图8-42　修补完毕

8.3.2 更换五金件

家具上的五金件一般包括铰链、合页、拉手、滑轨、锁具等。当固定五金件的螺钉松动时，就会造成家具构件移位，门板、抽屉闭合不严。除了使用螺丝刀紧固外，必要时还需将五金件拆下来，使用木屑或牙签填充螺钉孔，强化螺钉的连接力度（图8-43～图8-48）。

8.3.3 乳胶漆墙面翻新

乳胶漆墙面的普通污迹可以采用橡

图8-43　检查松动

图8-44　插入牙签

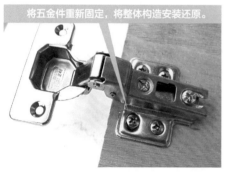

图8-45　重新固定

图8-46　调节前后伸缩

图8-47　调节左右伸缩

图8-48　固定

皮擦除或用360号砂纸打磨，但是不要轻易采用蘸水擦洗的方法来清除。即使高档乳胶漆拥有耐擦洗功能，能够承受力也是有限的，彩色乳胶漆墙面的擦洗力度过大会露出白底，很难再调配出原有颜色来。如果乳胶受到潮湿侵染，表面起皮脱落，或出现霉斑，只能进行翻新维修。

1. 施工方法

（1）查看乳胶漆墙面受损的情况，用铅笔在墙面画出翻新区域，在地面垫上旧报纸，防止粉尘脱落污染环境（图8-49）。

（2）采用小平铲将墙面乳胶漆受损部位铲除，深度直至见到水泥砂浆抹灰层为止，采用板刷清扫墙面基层（图8-50）。

（3）将成品腻子加水调和至黏稠状，根据原有墙面颜色进行调色，均匀搅拌后放置10min（图8-51）。

（4）采用钢抹将成品腻子刮涂至墙面，刮涂1~2遍即可，完全覆盖铲除厚度，使表面平整，待完全干燥后采用360号砂纸打磨平整（图8-52和图8-53）。

2. 施工要点

（1）铲除受损墙面应彻底，直至见到基层水泥砂浆为止，部分墙体长期经过浸泡，也应将水泥砂浆铲除，重新调配1:2水泥砂浆找平。如果需找平的面积小于0.5m²，可以采用素水泥调配，操作会更方便。水泥砂浆找平后应养护7天，待完全干燥后才能刮涂腻子。

（2）如果是彩色墙面，则成品腻子加水后应及时加入颜料进行调色。如果是白墙，也可以加入白色颜料。添加颜料的方法是将广告水粉颜料在干净的容器中稀释，再逐渐倒入成品腻子中，均匀搅拌。

（3）调配好的成品腻子，应在受损区边缘预先刮涂一块，厚度不超过1mm，待干后能查看颜色差异，再继续调色校正。

（4）刮涂腻子时应注意厚度，一般不超过3mm，表面应与周边原有墙面一致，待24h后完全干燥了，再采用砂纸打磨平整。

图8-49　查看破损

图8-50　铲除基层

（5）这种维修方法无需涂饰乳胶漆，维修成本很低，但要特别注意表面的平整度，不应有明显凸凹。对于彩色墙面肯定存在一定色差，可以粘贴装饰墙贴来修饰（图8-54）。

将成品腻子倒入桶中，按包装说明比例加水搅拌均匀，并掺入水粉颜料。

图8-51　调配腻子

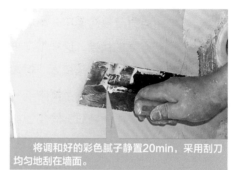

将调和好的彩色腻子静置20min，采用刮刀均匀地刮在墙面。

图8-52　刮涂腻子

待完全干燥后，采用砂纸将表面打磨平整。

图8-53　砂纸打磨

会存在轻微色差，但是可以粘贴彩色墙贴来装饰。

图8-54　墙贴装饰

识别选购方法

家具与墙面维修的操作关键在于调色，广告水粉颜料可溶于各种水性涂料，加水即可调和的涂料，油性涂料应采用矿物质色浆，这些在材料市场均可买到。调色应由浅至深，逐步对比，不可能完全一致，能有90%相同就能算达标。

家装妙语　　墙面翻新能重新塑造家居环境，墙面是家居生活的颜面，翻新是美化环境的手法，如同生活中的梳妆打扮，处处绽放出清新的生活气息。

8.4 装修保洁

操作难度 ★★★★★

界面保洁　家具与设备保洁

装修结束后直至日常使用，都应对装修构造进行必要的保洁，这样能延长装修的使用年限，降低生活成本。很多装修业主的生活经验丰富，了解常规的装修保洁方法。这里就针对不同类型的装修材料，详细介绍保洁方法。

8.4.1 界面保洁

家居装修界面是指顶、墙、地面，主要装修材料为乳胶漆、壁纸、地板、地砖、石材、地毯等，每种材料的保洁方法均比较独特。

1. 顶角线条保洁

（1）石膏线条。普通清洁可以直接使用鸡毛掸子掸去灰尘，如果有油烟蘸染，可以在鸡毛掸子末端蘸上少许去油污的洗洁剂掸除1~2遍，紧接着使用蘸有少量清水的干净鸡毛掸子继续清扫1~2遍。这种保养每间隔1个月要做1次，

否则油污深重后就很难清除了。

（2）木质线条。木质线条表面一般都涂刷透明清漆，可以用干净拭布蘸少量清水卷在木棍或长杆的头端，用力擦除木线条上的污垢，由于其表面有油漆涂饰，所以不难清除上面的油污（图8-55）。

（3）吊顶扣板边条。塑料边条可采用普通洗洁剂或肥皂水进行清洗，烤漆边条不宜使用强酸强碱性洗洁剂，使用少量中性洗衣粉蘸清水擦洗即可。铝合金边条可以使用钢丝球或金属刷蘸少量肥皂水擦洗（图8-56）。

2. 乳胶漆保洁

墙面长时间不清洁，空气中的水蒸气会与尘土溶解而渗入墙面材料内部，时间长了导致墙面颜色变得暗淡。因此，要对墙面进行定期除尘，保持墙面的清洁，这样会使室内看起来亮敞一些，心情也会舒畅。

对墙面进行吸尘清洁时，注意要更换吸尘器吸头，日常发现的特殊污迹要及时擦除，对耐水乳胶漆墙面可用水擦洗，再用干毛巾吸干即可（图8-57）。对于不耐

图8-55　木质线条保洁

图8-56　吊顶扣板边条保洁

水墙面可用橡皮等擦拭或用毛巾蘸些清洁液拧干后轻擦，不能来回多次用力擦，否则会破坏乳胶漆的漆膜（图8-58）。

3. 壁纸保洁

如果壁纸的污渍不是由纸与墙灰间的霉痕引起，则较易清除。先用强力去污剂，以1汤匙调在半盆热水中搅匀，以毛巾蘸取拭抹，擦亮后即可以用清水再抹。一般的漂白剂，不稀释也可用来清抹壁纸，但仍需尽快用清水湿抹。在纸质、布质壁纸上的污点不能用水洗，可用橡皮擦轻拭。彩色壁纸上的新油渍，可用滑石粉将其去掉（图8-59）。

4. 地板保洁

地板除了日常擦洗，关键在于打蜡，

如果打蜡方法不当，将产生泛白、圈痕、变色等现象。一般最好选择晴好天气打蜡，雨天湿度过高，打蜡会产生白浊现象。室温在5℃以下时，地板蜡会变硬。

（1）打蜡前，不能使用含有化学药品的抹布擦拭地板，否则会导致地板蜡附着不良。使用吸尘器清除地板表面的垃圾和灰尘，用稀释后的中性洗涤剂擦拭地板上的污渍，对难以清除的污渍可用信纳水擦拭。为防止洗涤剂积留在沟槽处，浸泡了洗涤剂的抹布要尽量拧干。

（2）使用拧干的抹布或专用保洁布进行擦拭地板表面，特别是沟槽部分，要仔细擦拭，不要残留洗涤剂（图8-60）。如果残留洗涤剂和水分，会导

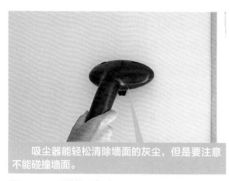

吸尘器能轻松清除墙面的灰尘，但是要注意不能碰撞墙面。

图8-57　吸附墙面灰尘

采用干燥的抹布可以擦除墙面浮尘，但是不能按压墙面擦拭。

图8-58　擦拭墙面

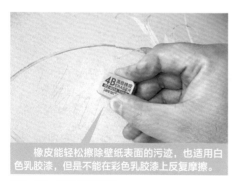

橡皮能轻松擦除壁纸表面的污迹，也适用白色乳胶漆，但是不能在彩色乳胶漆上反复摩擦。

图8-59　擦除壁纸污迹

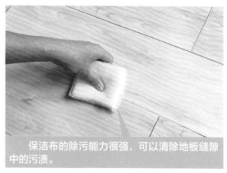

保洁布的除污能力很强，可以清除地板缝隙中的污渍。

图8-60　清除缝隙污迹

致表面泛白、鼓胀。擦洗后要待地板表面与沟槽部的水分完全干燥后方可打蜡。

（3）打蜡时摇晃装有地板蜡的容器，并充分搅拌均匀。房间的地板整体打蜡前，要在房间的角落等不醒目之处进行局部试用，确认有无异常。为防止地板蜡污染墙踢脚线和家具，要用胶带纸等对上述部位遮盖（图8-61）。用干净的抹布充分浸蘸地板蜡，以不滴落为宜。如果条件允许，也可以向当地五金器械店租赁打蜡机操作，效果会更好。

（4）在地板蜡干燥前不能在地板上行走，干燥通常要花20~60min，如有漏涂，要进行补涂。如采用2次打蜡的方式，第2次涂抹时，要在第1次完全干燥后进行。每6个月左右打1次蜡，可以长期保持地板整洁美观。

5. 地砖保洁

地砖保洁比较简单，常擦洗即可，关键在于清除缝隙中的污垢，可以在尼龙刷上挤适量的牙膏，然后直接刷洗瓷砖的接缝处。牙膏的用量可以根据瓷砖接缝处油污污染程度来决定。在刷洗时应当顺着缝隙方向刷洗，这样才能将油污刷干净（图8-62）。

厨房地砖接缝处很容易就染上油污，这时可以使用普通的蜡烛，将蜡烛轻轻地涂抹在瓷砖接缝处。首先是纵向地涂，这样是为了让接缝处都能均匀涂抹上蜡，然后再横向地涂，这样可以让蜡烛的厚度和瓷砖的厚度持平。即使以后有油污沾染在上面，也只要轻轻一擦就干净了（图8-63）。

6. 石材保洁

无论是大理石、花岗岩，还是水磨石、人造石，均须定期除尘，一般为1次／天，也可以根据生活状况决定除尘的频率。一般用湿抹布清洗石材地面，也可以使用肥皂与清水清洗（图8-64）。

定期给石材表面涂上保护膜，如用地板蜡均匀涂抹，用干布擦净即可。有些石材用的时间长了表面会有泛黄现象，可以用布或纸巾沾上工业用的双氧水覆盖该处，黄斑即会慢慢褪去，然后用干布擦净。每隔2~3年应重新抛光石材地板，可请专业施工员来抛光。当发现石

打蜡针对表面有划痕的地板，应当预先将地板表面清理干净再打蜡。

图8-61 地板打蜡

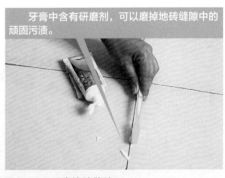

牙膏中含有研磨剂，可以磨掉地砖缝隙中的顽固污渍。

图8-62 牙膏擦除缝隙

> 将缝隙中的污渍清除干净后摩擦蜡烛，能封闭缝隙，具有一定防污功能。

图8-63　缝隙摩擦蜡烛

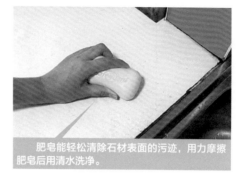

> 肥皂能轻松清除石材表面的污迹，用力摩擦肥皂后用清水洗净。

图8-64　肥皂擦拭

材地面已经开始褪色时，就需要重新抛光了。

7. 地毯保洁

地毯使用时，要求每天用吸尘器清洁1次，这样就能保持地毯干净，一旦出现局部霉点再清洗就晚了（图8-65）。

日常滚刷吸尘能尽早吸走地毯表面的浮尘，以免灰尘在毛纤维之间沉积。吸尘器上的刷子不但能梳理地毯，而且还能刷起浮尘与较有粘附性的尘垢，所以清洁效果比单纯吸尘要好。新的污渍必须及时清除，若污渍已干燥或渗入地毯深部，则会对地毯产生长期的损害。

> 地毯中的灰尘应当采用吸尘器吸附，简单、快捷、效率高。

图8-65　吸附地毯灰尘

8.4.2　家具与设备保洁

家具与设备的使用频率最高，也最容易受到污染，保洁方法要根据材料来选择。

1. 家具保洁

擦拭家具时，应当尽量避免使用洗洁精清洗家具，洗洁精不仅不能有效地去除堆积在家具表面的灰尘，也无法去除打光前的沙土及沙土微粒，反而会在清洁过程中损伤家具表面，让家具的漆面变得黯淡无光。

不要用粗布或旧衣服当抹布，最好用毛巾、棉布、棉织品或法兰绒布等吸水性好的布料来擦家具。对于家具上的五金件可以选用专用清洁剂来辅助擦拭，但是不要将清洁剂随意喷涂到任何木质家具面板上。此外，擦拭家具表面的灰尘不能用干抹布，因为灰尘是由纤维、沙土构成的。如果用干抹布来清洁擦拭家具表面，这些细微颗粒在来回摩擦中，已经损伤了家具漆面。虽然这些刮度微乎其微，甚至肉眼无法看到，但时间一长就会导致家具表面黯淡粗糙（图8-66和图8-67）。

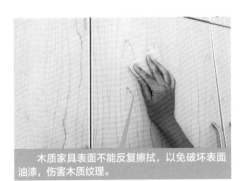

木质家具表面不能反复擦拭，以免破坏表面油漆，伤害木质纹理。

图8-66 擦拭家具表面

可以配合家具清洁剂来擦拭家具上的五金件。

图8-67 擦拭五金件

如果希望保持家具光亮如新，可以参考表8-1中的常用材料来保洁。

2. 灯具保洁

灯泡保洁比较容易，将灯泡取下，用清水冲洗后，往手心内倒些食盐，再往盐面上倒些洗洁精，用手指搅拌均匀。然后用手握住灯泡在手心里转动，并轻轻擦灯泡表面，污垢极易去除。最后用干净的抹布擦拭干净即可。但是灯罩的材料就多种多样了，灯罩的形状和材质不同，有不同的清洗方法（图8-68和图8-69）。

（1）布质灯罩。先用小吸尘器将表面灰尘吸走，再将洗洁精或家具专用洗涤剂倒在抹布上，边擦边替换抹布的位置。若灯罩内侧是纸质材料，应避免直接使用洗涤剂，以防破损。

（2）磨砂玻璃灯罩。用适合清洗玻璃的软布，小心擦洗，或用软布蘸牙膏擦洗，不平整的地方可用软布包裹筷子或牙签处理。

（3）树脂灯罩。可以用化纤掸子或专用掸子进行清洁。清洁后应喷上防静电喷雾，因为树脂材料易产生静电。

（4）褶皱灯罩。用棉签蘸水耐心地擦洗，特别脏也可用中性洗涤剂。

（5）水晶串珠灯罩。如果灯罩由水晶串珠和金属制成，可直接用中性洗涤

家具保洁材料与使用方法一览●大家来对比●

品种		方法
	牛奶	将浓度较高的牛奶倒在抹布上，再擦拭木质家具，去污效果很好，最后用清水擦1遍，可以将牛奶放在微波炉中加热，来获取较高的浓度
	茶水	用纱布包住茶叶渣擦洗家具，或用冷茶水擦洗家具，这样会使家具显得特别光洁，它能去除家具表面细小的污渍
	牙膏	用抹布蘸点廉价的牙膏或牙粉擦拭家具，可以使家具表面光亮如新，但是要注意不能太用力，以免破坏表面油漆

品　种	方　法
白醋	用等量的白醋和温水混合，擦拭家具表面，然后用1块干净的软布用力擦拭，这种方法适用于被油墨污染的家具，要多次擦拭才有效
肥皂	用海绵蘸温淡的肥皂水擦洗家具，会令家具显得更加有光泽
蜡笔	如果家具表面漆面被擦伤，未触及漆下木质，可以采用与家具颜色相同的颜料在家具创面涂抹，以覆盖外露的底色，然后用透明的指甲油薄薄地涂上1层即可
食用油	水痕通常要经过一段时间才能消失，如果1个月后它仍可见，请用1块涂了少量食用油的干净软布在水痕处顺木纹方向擦拭，或将湿布盖在痕印上，用电熨斗小心地按压湿布数次，痕印即可淡化
家具清洁剂	为了去除家具表面的油污与其他污染物痕迹，可以选购家具清洁剂，这类清洁剂的综合性能很好，只是价格加高，还分为深色、浅色专用系列产品，应当根据需要来选购

剂清洗。清洗后将表面的水擦干，再自然晾干。如果水晶串珠是用线穿上的，不能将线弄湿，可用软布蘸中性洗涤剂擦洗。金属灯座上的污垢，先将表面灰尘擦掉，再在棉布上沾牙膏擦洗。

3. 抽油烟机保洁

大多数人清洗抽油烟机时，都习惯拆卸清洗。现介绍一种无须拆解机器，而又十分省时省力的清洗方法（图8-70）。

（1）取一个塑料瓶，用缝衣针在盖上戳10余个小孔，装入适量洗洁精，加满温热水摇动均匀配成清洗液。

（2）启动抽油烟机，用盛满洗洁精的塑料瓶朝待洗部位喷射清洗液，此时可见油污及脏水一同流入储油斗中，随满随倒。

（3）当瓶内的清洗液用完之后，继续配制，重复清洗，直至流出的脏水变清为止，一般清洗3遍就可冲洗干净。如扇叶外装有网罩，宜先将网罩拿下以加强洗涤效果。

（4）用抹布擦净吸气口周围、机壳表面及灯罩等处。

4. 窗帘保洁

（1）普通布料窗帘。对于一些用普通布料做成的窗帘，可用湿布擦洗，也可放在清水中或洗衣机里用中性洗涤剂清洗，易缩水面料应尽量干洗。

（2）帆布或麻窗帘。这种窗帘不宜放入到水中直接清洗，宜用海绵蘸些温水或肥皂溶液、氨溶液混合液体进行擦拭，待晾干后卷起来即可。

（3）天鹅绒窗帘。先把窗帘浸泡在

中性清洁液中，用手轻压、洗净后放在倾斜的架子上，使水分自动滴干，就会使窗帘清洁如新了。

（4）静电植绒布窗帘。切忌将其泡在水中揉洗或刷洗，只需用棉纱布蘸上酒精或汽油轻轻地擦就行了。正确的清洗方法应该是用双手压去水或自然晾干，这样就可以保持植绒面料的面貌。

（5）卷帘或软性成品窗帘。清洗时先将窗户关好，在其上喷洒适量清水或擦光剂，然后用抹布擦干，即可使窗帘保持较长时间的清洁、光亮。窗帘的拉绳处，可用柔软的鬃毛刷轻轻擦拭。如果窗帘较脏，则可以用抹布蘸些温水溶开的洗洁精，也可用少许氨溶液擦拭。

有些部位有用胶粘合的，要特别注意这些位置不能进水，有些较高档的成品帘可以防水，就不用特别小心用水洗了。

（6）百叶窗帘。一般此类窗帘的表面喷漆或木质材料曝晒后较容易褪色，但不会影响使用，平时可用布或刷子清扫，几个月后将窗帘摘下来用湿布擦拭，或者用中性洗衣粉加水擦洗即可。

（7）竹木类成品窗帘。使用前最好喷上脱模保洁剂或家具保护蜡，每隔1~3月用干布擦拭或用毛轻抚。切忌用湿布擦拭，以免留下印迹。一些木质卷帘需用水清洗的，应用软刷加中性洗衣粉清洁，然后用流水漂洗干净，擦净后晾干，但不宜在阳光下曝晒，否则容易褪色（图8-71）。

擦拭灯具核心部件应当特别仔细，避免破坏灯具。

图8-68　擦拭灯管

采用牙膏擦拭玻璃灯罩，具有良好的保洁效果。

图8-69　擦拭灯罩

将洗洁精掺水放入塑料瓶中，在瓶盖上钻孔，能将洗洁精溶液喷射至抽油烟机的污垢部位。

图8-70　抽油烟机保洁

窗帘洗净后应当展平晾在通风阴凉处，避免暴晒褪色。

图8-71　窗帘晾干

识别选购方法

　　家居装修保洁不是简单的清洁卫生，特别注意不同材料的特性，根据不同装饰材料来选用不同的清洁材料与清洁方法。尤其是部分高档装饰材料对清水很敏感，要区别对待，应当选用专用清洁剂。

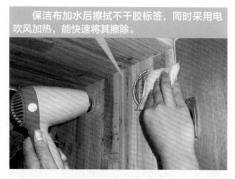

保洁布加水后擦拭不干胶标签，同时采用电吹风加热，能快速将其擦除。

图8-72　清除粘胶标签

★家装小贴士★

清除粘胶标签

　　新购置的家具与电器设备上面的标签比较难去除，直接剥揭会留下1层胶迹，时间一长，脏东西就会粘上去。普通不干胶一般含有石油树脂、丙烯酸等化学材料，黏度较好。一般可以用电吹风吹或用热水浸泡不干胶部分，然后用湿布加肥皂水轻揉去除，这种方法不会对电器造成损害（图8-72）。此外，还可以用小块净布抹上点风油精打磨，能将大面积的胶迹去除得差不多，但底胶迹还是有的，在这种情况下，再用橡皮擦擦掉，两样物品交替使用就能很快去掉顽迹了。

后 记

在家装行业中，我一向认为设计能指导施工，施工能优化设计，设计与施工应当相辅相成，不能彼此分离。在家居装修施工中的变数很多，前期设计图纸到最后只能当作参考，更多的修改来自于业主对装修认识的不断提升。

在家居装修施工中，很多业主感到材料好买，但施工员难请，担心找不到技术过硬的施工员。装饰公司的施工员一年到头都有活干，由项目经理发工资，不受业主的约束。因此，项目经理才是施工质量与施工变更的唯一责任人，有任何问题都应当向项目经理反映。如果业主读了本书后，觉得自己有能力操控全程装修，完全可以聘请"马路游击队"，他们的技术水平一般，但是他们的工资却由业主发放，因此，他们会对业主言听计从。

其实，现代装修真正需要长时间现场施工的项目并不多，主要是水电构造、墙地砖铺装、木质构造制作、乳胶漆涂饰，甚至这些项目都能交给相关的经销商来做，业主需要亲自做的就是清理装修垃圾与保洁，这种装修体验也是诸多生活乐趣中的一种。

读懂本书，读透本书，能让业主成为装修行家，更能提升业主追求美好生活的激情。

愿广大读者从本书中找到自己需要的知识。
愿广大读者从平凡的装修中悟出更多哲理。
愿广大读者从装修的新居中感受无限欢乐。

本书在编写过程中得到以下同仁的帮助，感谢各位提供图片与拍摄场所（排名不分先后）：

安诗诗　边　塞　陈庆伟　董秀明
董卫中　方　禹　付士苕　贺胤彤
霍佳惠　何蒙蒙　柯　孛　李　恒
陆　焰　李映彤　李吉章　李建华
李　钦　卢　丹　牛　旻　罗　浩
马一峰　孙未靖　唐　茜　吴　帆
吴方胜　王靓云　苑　轩　姚丹丽
杨　梅　杨　清　余　飞　张　刚
张泽安　祖　赫　赵　媛　仇梦蝶